LES SCIENCES

&°R
28866

I0052295

Prix : 80 cent. net.

Les Sciences
physiques et naturelles
(Leçons de choses)

R. F.

8 R
288

SEPTIÈME ÉDITION

DES MÊMES AUTEURS :

Les Sciences physiques et naturelles : cours préparatoire et élémentaire. Un volume (format 13 × 19) avec 143 gravures et 4 planches en couleurs hors texte. Cartonné. . . . . 0 fr. 80

Les Sciences physiques et naturelles : cours élémentaire et moyen. Un volume de 192 pages (format 13 × 19) avec 284 figures et 5 planches dont 4 en couleurs hors texte. Cartonné. . . . . . 1 fr. 10

Les Sciences physiques et naturelles : cours moyen et supérieur. Un volume de 288 pages (format 13 × 19) avec 570 figures et 8 planches en couleurs hors texte. Cartonné. . . . . 1 fr. 50

(Ouvrages honorés d'une souscription du ministère de l'Agriculture et couronnés par la Société nationale d'Encouragement au Progrès.)

LES SCIENCES

physiques et naturelles

(Leçons de choses)

avec leurs applications à l'Agriculture, à l'Industrie, à l'Hygiène
et à l'Économie domestique,
par J. DUTILLEUL ET E. RAMÉ

143 gravures
et 5 planches dont 4 en couleurs

PARIS. — LIBRAIRIE LAROUSSE

RUE MONTPARNASSE, 13-17. — SUCCURSALE : RUE DES ÉCOLES, 58 (SORBONNE)

AVERTISSEMENT

Nous avons eu le souci, dans ce volume, comme dans ses aînés, le *Cours élémentaire et moyen* et le *Cours moyen et supérieur,* bien connus de nos collègues, d'unir l'**exactitude rigoureuse** de la doctrine à la **claire simplicité** du développement.

Mais, nous adressant à de jeunes enfants, nous avons adopté pour plan le *cours même des saisons.* Dans ce cadre, si naturel, si bien adapté aux besoins de l'enseignement, et, pour cette raison même, si *recommandé par les instructions ministérielles,* nous faisons passer en revue à l'enfant tous les **êtres**, tous les **travaux**, tous les **métiers** qu'il peut, surtout à la campagne, considérer de près, et nous lui en donnons des notions précises.

Il verra ainsi, sans qu'il s'en doute, se dérouler, à travers ces **Leçons de choses**, une suite cachée, mais logique, d'enseignements vraiment scientifiques, quoique très élémentaires, et il pourra rapporter de cette *promenade à travers la vie réelle* un véritable bagage de connaissances bien ordonnées, qu'il n'aura plus qu'à compléter au *Cours moyen.*

Dans le fond comme dans la forme, notre préoccupation principale a été d'amener tout de suite l'enfant à regarder, de lui apprendre à voir, de lui donner la pratique et le goût de l'observation. Aussi, au début de chaque saison, nous n'avons pas craint de donner des directions qui, sans doute, ne pourront pas toutes être suivies par de si jeunes esprits, mais qui, dès l'entrée de notre cours, les orienteront vers l'observation de la nature, et qui, reprises et développées plus tard par le maître, détermineront peut-être d'heureux efforts personnels.

C'est pour la même raison que nous avons signalé à nos collègues, dès ce premier volume, les principales pièces d'un *matériel très élémentaire,* et un projet de *meuble à collections,* réduit au 1/10, qui, garni peu à peu par les recherches de plus en plus intelligentes des élèves, pourra constituer un véritable **muséum scolaire.**

L'**illustration** de ce volume a été l'objet de nos soins les plus attentifs. Conformément aux nouvelles directions qui prescrivent le *dessin d'après nature* et la *formation du goût* de l'enfant par la vue de belles images, nous avons introduit dans cet ouvrage, à côté des figures démonstratives nécessaires, un grand nombre de **tableaux de nature et d'art,** reproduits par de vivantes photographies.

Comme dans les autres volumes de ce cours, des **planches en couleurs hors texte** mettent en lumière les principaux sujets qui comportent l'emploi de la couleur.

Les Auteurs

LES SCIENCES PHYSIQUES
ET NATURELLES

L'AUTOMNE

Fig. 1. — LE BRÛLAGE DES HERBES.

L'automne commence le 23 septembre et finit le 22 décembre. Il était, dans le calendrier républicain, la première des saisons. Il comprenait exactement trois mois : *Vendémiaire* (vendanges), *Brumaire* (brume, brouillards), *Frimaire* (frimas, froids).

Dictons d'automne. — *Pluie de septembre est bonne à vigne et à semailles.* — *Septembre est le mai de l'automne.* — *En octobre, qui ne fume bien ne récoltera rien.* — *A la Toussaint, les blés semés et tous les fruits serrés.*

Ce qu'il faut voir. — En *septembre*, les raisins et les noix achèvent de mûrir. — On voit les derniers papillons, et l'hirondelle donne aux oiseaux migrateurs le signal du départ.

En *octobre*, les châtaignes et les glands sont mûrs. La plupart des arbres de nos forêts prennent une teinte jaune d'or. Le marronnier, le tilleul, le noyer, l'orme, etc., perdent leurs feuilles.

L'alouette, la bergeronnette ou hoche-queue, le chardonneret, ce serin de nos bosquets, le geai criard, la grive friande de raisin, le rouge-gorge, le canard sauvage émigrent du nord au sud.

En *novembre*, le bouleau, le chêne, le hêtre, la vigne perdent leurs feuilles. — La chauve-souris et la grenouille s'endorment.

Hygiène de l'automne. — En *septembre-octobre*, les journées sont souvent belles, mais les soirées et les matinées sont fraîches. Il faut se garantir de l'humidité par des vêtements plus chauds. — En *novembre*, la saison rigoureuse commence; il faut, pour éviter d'avoir les pieds froids, mettre dans les chaussures des semelles de liège.

LES COLLECTIONS D'AUTOMNE

Le *jeune naturaliste*. — Vous devez, jeunes amateurs d'histoire naturelle, recueillir vous-mêmes les petits animaux, les plantes, les pierres. Vous amasserez ainsi des matériaux pour les leçons de l'école et pour vos collections futures. Petit à petit, vous apprendrez à les connaître, à les conserver, à les classer. Armés d'un *bâton d'excursion*, d'une petite *houlette* (*fig.* 2) pour creuser légèrement le sol, d'une *musette* de toile réservée aux pierres, d'une longue *boîte de fer-blanc* pour les plantes (*fig.* 3), enfin, d'une *loupe* pour examiner votre récolte, vous ferez une chasse aussi utile qu'agréable dans l'immense domaine de la nature. (V. la suite p. 35.)

Plantes à recueillir. — En *septembre*, cueillez quelques fleurs de trèfle et de luzerne, du lierre, du raisin, des poires et des pêches, des fruits d'églantier. — En *octobre*, ayez des pommes, des châtaignes, des tomates, du thym, des fleurs d'ajonc, des racines d'angélique, du serpolet (le thym des prairies). Cueillez aussi les tiges d'asperge avec leurs fruits, le réséda, les têtes (ou *fruits*) du pavot et les fruits ailés de l'orme, les immortelles dont les fleurs ne se fanent point. — Récoltez en *novembre* des mousses et des lichens, cultivez sur le goulot d'une carafe pleine d'eau un oignon de jacinthe en notant tous les incidents de sa croissance.

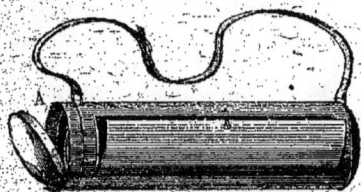

Fig. 3. — Boîte de botanique.

Fig. 2. — Houlette.

La chasse aux insectes. — En *septembre-octobre*, recherchez des insectes dans les feuilles sèches, à l'aide d'un râteau. — Faites la chasse aux insectes aquatiques (et aux derniers têtards), et conservez-les dans un bocal plein d'eau. — En *novembre*, capturez des insectes dans la mousse et des papillons de nuit.

SEPTEMBRE-OCTOBRE

1re LEÇON. — *LES CHOSES ET LES ÊTRES VIVANTS.*

Fig. 4. — Animaux, plantes, pierres.

1. Dans la nature, on rencontre des animaux, des plantes et des corps inanimés. — Le jeune faon (*fig.* 4) sera un jour aussi grand que la biche, sa mère, car il se nourrit, comme elle, de l'herbe des clairières. Tous les **animaux** naissent, comme ce faon, de parents semblables à eux et peuvent se déplacer pour se nourrir.

Derrière le faon, le jeune arbre, au feuillage léger, ne peut se déplacer, mais il puise sa nourriture dans la terre. Il grossira peu à peu comme le grand arbre de droite. Il en est de même de toutes les **plantes.**

Les pierres qui couvrent le sol ne se déplacent pas d'elles-mêmes et ne se nourrissent pas, car elles ne vivent pas. Ce sont des corps inanimés, des **minéraux.**

2. Les corps inanimés sont solides, liquides ou gazeux. — Les cailloux que le cantonnier remue ne changent jamais de forme tout seuls; les planches du menuisier non plus. Il faut même frapper bien fort pour briser les cailloux en morceaux ou pour enfoncer des clous dans les planches. — Les cailloux et le bois ont donc une forme à eux; ils sont durs et résistants. Ce sont des corps **solides.**

Le vin et l'eau n'ont pas de forme à eux, ils prennent simplement celle du vase qui les contient (*fig.* 5). De plus, ils repoussent les corps qu'on y plonge, au point que les plus légers ne peuvent s'y enfoncer et flottent à la surface. C'est ainsi qu'un bouchon

flotte sur un verre de vin; il en est de même d'une planche sur
l'eau. — L'eau et le vin sont des corps **liquides**.

Quand vous aérez votre chambre, l'air frais y pénètre partout;
il occupe tout l'espace qu'on lui laisse. Mais si vous plongez
verticalement dans l'eau, après l'avoir renversé, un verre qui
paraît vide mais qui en réalité est *plein d'air*, vous voyez, en
regardant attentivement, que l'eau
repousse l'air et monte assez haut
dans le verre. — L'air n'a donc ni
forme ni volume fixes, puisqu'il se
laisse refouler par les autres corps:
c'est un corps **gazeux**.

**3. Les corps peuvent être suc-
cessivement solides, liquides,
gazeux.**—Pendant les grands froids
de l'hiver, le ruisseau ne coule plus,
l'eau est devenue solide: c'est de la
glace. Mais, dès qu'il fait plus chaud,
la glace fond et redevient de l'*eau*.

Enfin, si vous chauffez fortement
de l'eau, elle bout et se transforme

Fig. 5. — Corps liquide (eau).

rapidement en *vapeur*. — Soumis à une grande chaleur ou à un
grand froid, la plupart des corps peuvent de même se montrer successivement dans ces trois états.

4. Tous les corps sont pesants. — Un caillou, un verre
d'eau pèsent dans votre main. Les gaz eux-mêmes sont pesants;
vous savez bien, en effet, qu'un *pneu* bien gonflé pèse plus que
lorsqu'il est dégonflé.

RÉSUMÉ. — Les *animaux* vivent et se déplacent. — Les
plantes vivent, mais ne se déplacent pas. — Les *corps inanimés* ne se déplacent pas d'eux-mêmes et ne vivent pas.

Les corps sont *solides* (pierre), ou *liquides* (eau), ou
gazeux (air). La plupart peuvent être successivement
solides, liquides, gazeux. — Tous les corps sont *pesants*.

EXPÉRIENCES ET QUESTIONS. — *1. Essayez de briser un gros bâton,
de saisir de l'eau à pleines mains.* — *2. Si vous plongez tout droit un
verre vide dans l'eau et si vous l'inclinez fortement, comment vous
apercevez-vous de l'existence de l'air?* — *3 Chauffez fortement dans
le feu une boulette de papier de chocolat posée sur une pelle et
constatez ce qui se passe.* — *4. Quand vous exhalez votre haleine sur
une vitre froide, vous pouvez y tracer votre nom. Pourquoi?*

Fig. 6. — L'ÉPANDAGE DU FUMIER.

1. Sol et sous-sol. — Les foins sont au fenil; le blé, aux meules ou dans les granges. Le cultivateur prépare déjà la bonne terre nourricière pour la récolte prochaine. Étudions-la un peu.

On appelle **sol,** ou *terre végétale*, la couche de terre que l'on travaille avec la charrue et qui reçoit les semences. Elle contient de l'*humus* (débris de fumiers, de plantes et d'animaux en décomposition), et aussi des grains de *sable* et des parcelles d'*argile* et de *calcaire*. (V. **24ᵉ** leçon) venues du sous-sol.

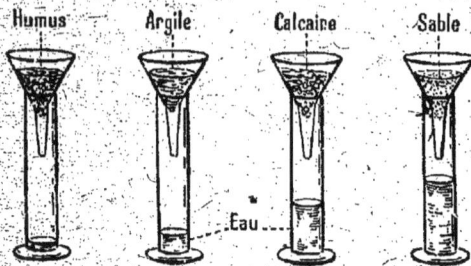

Humus — Argile — Calcaire — Sable

Eau

Fig. 7. — Absorption de l'eau par les éléments du sol.

La même quantité d'eau est versée dans chacun des entonnoirs. Par l'eau qui se trouve au fond des éprouvettes, après filtration, on peut juger de celle retenue par chacun des éléments.

Au-dessous de la terre végétale, on trouve une couche bien plus épaisse de matières très divisées ou de cailloux plus ou moins serrés : c'est le **sous-sol.** C'est sa partie supérieure qui, divisée, modifiée par l'eau, par l'air qu'elle transporte, et par les racines des végétaux, s'est transformée en terre végétale.

2. L'engrais rend des forces à la terre. — Dans la terre, l'air, l'eau et les matières minérales dissoutes fournissent à chaque plante la nourriture qui lui convient spécialement. Or, quand une même plante a été longtemps cultivée sur un sol, elle a épuisé tous les éléments qui peuvent la nourrir. Ce sont les **engrais** qui rendent à la terre ce qu'elle a perdu.

Les plantes n'absorbent que l'engrais dissous dans l'eau. Certains engrais s'emploient au printemps, parce que, dissous aussitôt, ils arrivent aux plantes en temps utile. Mais beaucoup d'autres doivent être enfouis dès l'automne; ils ont ainsi le temps de se décomposer avant la reprise de la végétation.

3. Le fumier est le meilleur des engrais. — Le **fumier** est formé de la litière des animaux et de leurs excréments solides ou liquides. Il renferme la plupart des substances indispensables aux plantes. On le dispose en un tas énorme qu'on arrose quand il fait trop sec; on le transporte ensuite aux champs (*fig. 6*), où on l'enfouit au plus vite pour ne point perdre les gaz utiles.

Le *jus de fumier*, ou **purin**, en est la partie la plus précieuse.

4. Engrais verts et composts. — On enfouit parfois certaines plantes (sarrasin, moutarde, trèfle, etc.) au moment où elles sont encore *vertes* et vont fleurir; elles forment, après décomposition, un engrais excellent : c'est l'**engrais vert**.

Il est bon de recueillir tous les débris de végétaux et d'animaux (feuilles mortes, paille, ordures ménagères, terre de routes et de fossés), mélangés à des plâtras, à des cendres de bois, etc., et de les arroser avec du purin ou de l'urine. Au bout de quelques mois, le tout fait un composé, un **compost**, qui vaut presque le fumier.

RÉSUMÉ. — La **terre végétale** reçoit les semences. Elle se compose d'*humus* (débris de plantes et d'animaux), de *sable*, de *calcaire* et d'*argile*; c'est le **sous-sol** qui forme peu à peu le sol. — L'**engrais** rend à la terre les principes utiles que les plantes lui ont enlevés. — Le **fumier** est le meilleur des engrais; les **engrais verts** et les **composts** valent presque le fumier.

EXPÉRIENCES ET QUESTIONS. — *1. Mettez un peu de vinaigre très fort au fond d'un verre, puis une pincée de terre; s'il se produit une mousse abondante, la terre est très calcaire. — 2. Avec une bêche, étudiez le sol et le sous-sol d'un jardin. — 3. Mettez au jardin, dans deux pots à fleurs, du sable, des petits cailloux, du verre pilé; semez-y quelques grains d'avoine (ou des lentilles, du millet), arrosez pendant 15 jours, l'un avec de l'eau, l'autre avec du purin étendu d'eau. — 4. Dites si le fumier que vous connaissez le mieux est bien ou mal tenu, et pourquoi.*

Fig. 8. — LE LABOUR.

1. Il est nécessaire de cultiver les plantes utiles. — Beaucoup de graines de plantes sauvages tombent sur un mauvais terrain, restent exposées au vent, à l'humidité, à la gelée; aussi elles ne germent pas ou se développent mal. S'il n'en est pas de même des plantes utiles, c'est parce que le cultivateur leur prodigue beaucoup de soins.

Par le **labour** (*fig.* 8), il divise la terre, la mélange aux engrais et permet à l'air, à l'eau et aux racines d'y pénétrer; il enfouit les plantes nuisibles quand elles sont encore en herbe et recouvre certaines semences déposées dans les sillons. — Par le **hersage**, qui est comme un labour de surface, il enterre les petites semences et les engrais en poudre. — Par le **roulage**, il nivelle le sol et affermit la terre autour des semences ou, plus tard, autour des racines. — Par le **binage** et le **sarclage**, il débarrasse les plantes des mauvaises herbes qui épuisent le sol et arrêtent l'air et la lumière.

2. La charrue. La herse. — Le cultivateur vient de terminer son sillon, sa **charrue** n'est plus engagée dans la terre; examinons-la. Cette sorte de couteau, la pointe légèrement inclinée en avant, s'appelle le *coutre*. Il trace le sillon droit en coupant la terre de bas en haut. — La pièce triangulaire qui est derrière la pointe du coutre est le *soc*. Il coupe la terre horizontalement et trace le fond du sillon. — Le soc est fixé au *versoir*, qui renverse sur la précédente la bande de terre découpée. — Enfin, la longue pièce de bois qui supporte le tout est l'*age*, elle est terminée en avant par un *crochet d'attelage* et, en arrière, par deux *mancherons* que le cultivateur tient en mains.

La **herse** (*fig.* 9) est une sorte de grand râteau traîné ordinairement par un seul cheval.

3. Les bonnes semailles font les bonnes récoltes. — Vous avez tous vu le geste large du semeur. Marchant à pas égaux tout le long du champ labouré, il puise dans une sorte de grand tablier attaché à ses épaules des poignées de grains qu'il lance à *la volée*. Mais la semence couvre inégalement le sol; de plus, certains grains mal enterrés seront desséchés par le vent et le soleil ou mangés par les oiseaux.

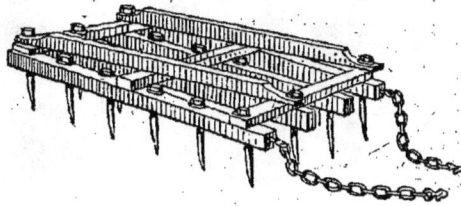

Fig. 9. — Herse.

C'est pour cela que, de plus en plus, on *sème en lignes* avec le **semoir mécanique**. Les socs du semoir tracent de petits sillons égaux où les grains tombent à la même profondeur et en même quantité. Ils lèvent presque tous, et l'économie de temps et de semences paie largement les frais du matériel.

Si l'on a semé régulièrement des grains choisis avec soin, le champ de blé, couvert bientôt d'une petite herbe qui passera l'hiver, souvent abritée sous la *neige*, formera au printemps un épais tapis vert; mais il faudra encore le rouler et le sarcler pour qu'il porte enfin la belle moisson dorée qui donne le pain.

RÉSUMÉ. — Pour obtenir de belles récoltes, il faut *bien cultiver* le sol. La **charrue**, en labourant la terre, de son *coutre* et de son *soc*, y fait pénétrer l'air, l'eau et la lumière. La **herse** fait un labour léger et recouvre les semences. Le **rouleau** nivelle et raffermit le sol.

Le semis *à la volée* disperse inégalement les graines; le semis *en lignes*, avec le **semoir mécanique**, réalise une économie de temps et de semences.

EXPÉRIENCES ET QUESTIONS. — *1. Semez et cultivez dans un pot à fleurs diverses semences (lentilles, millet, haricots, etc.), à l'aide d'un couteau (charrue), d'une fourchette (herse), d'un étui (rouleau), etc. — 2. Pourquoi les mauvaises herbes sont-elles plus nombreuses dans un champ non cultivé? — 3. Allez au jardin et comparez la fumure, le labourage et les semis avec ce qui se fait aux champs. — 4. Examinez de près la forme, les couleurs, le poids du blé, du seigle, de l'orge, etc.*

Fig. 10. — FRUITS DE TABLE.

1. Toute plante à fleurs porte aussi des fruits. — Ce que vous appelez **fruits**, ce sont les prunes et les pêches que vous avez mangées en vacances, les pommes, les poires et le raisin dont vous vous régalez encore (*fig.* 10). Mais toutes les plantes qui ont des fleurs complètes portent des fruits et chaque fruit contient une ou plusieurs **graines**. La graine n'est faite que pour germer, et ce qui l'enveloppe, pour la protéger. (V. *38ᵉ leçon.*)

2. Certains fruits contiennent un noyau dur et une graine (ou *amande*). — Cette prune est entourée d'une pelure mince et lisse; cette pêche, d'une peau veloutée. Si vous coupez l'une ou l'autre en deux moitiés (*fig.* 11), vous rencontrez d'abord une partie épaisse et pleine de jus sucré (on dit : de *suc*). C'est la **chair** du fruit; on la mange. Mais, au milieu, se trouve une partie dure que l'on ne mange pas : le *noyau*, lisse dans la prune, rugueux dans la pêche. Il contient une **graine**, appelée aussi *amande*.

3. D'autres fruits contiennent un noyau mince et plusieurs graines (ou *pépins*). — Sous la peau de cette pomme, vous trouvez, comme dans la pêche, une partie *charnue* que vous mangez. Au centre, vous rencontrez aussi une sorte de noyau (*fig.* 12), mais formé d'une mince membrane partagée en cinq petites chambres; dans chacune d'elles, il y a une ou deux graines (ou *pépins*).

On cueille les pommes quand les pépins noircissent; plus tôt, elles ne se conserveraient pas. Quand un fruit est trop mûr, on dit qu'il est *blet*. C'est dans cet état qu'on mange la nèfle et les fruits sauvages.

Chêne

Hêtre

Châtaignier

Noisetier

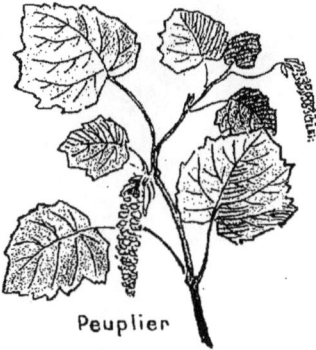

Peuplier

Pin

Certains *fruits à pépins* n'ont pas du tout de noyau autour des pépins : ce sont des **baies**. Le raisin, la groseille (*fig.* 13), la tomate,

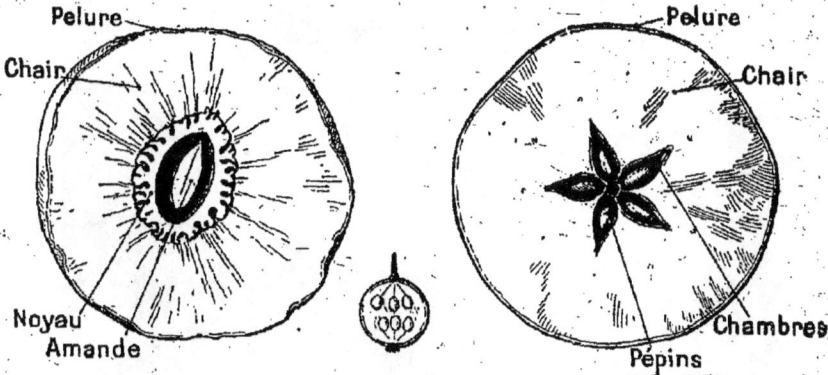

Pelure — Chair — Noyau — Amande

Pelure — Chair — Chambres — Pépins

Fig. 11. — Fruit à noyau (coupe).   Fig. 13. — Baie (coupe).   Fig. 12. — Fruit à pépins (coupe).

le concombre-cornichon, le délicieux melon et l'énorme potiron sont des baies. Dans l'orange et le citron, la chair est partagée en *quartiers*.

4. Dans les fruits secs, toute l'enveloppe de la graine est mince et sèche. — Le haricot est un fruit sec. Sans doute, quand les haricots verts sont jeunes, vous pouvez manger aussi leur enveloppe (ou *gousse*); mais elle est sèche lorsqu'ils sont secs, c'est-à-dire mûrs et bons à semer. La noisette, la châtaigne, etc., sont des fruits secs; on n'en mange que la graine et l'on jette l'enveloppe.

RÉSUMÉ. — Toute plante à fleurs porte aussi des **fruits**; chaque fruit contient au moins une graine.

Les **fruits charnus à noyau** contiennent un noyau dur qui protège une graine ou *amande* (prune, pêche).

Les **fruits charnus à pépins** renferment plusieurs graines ou *pépins* (pomme, poire, etc.). Les **baies** sont des fruits entièrement charnus (raisin, tomate, orange).

Dans les **fruits secs**, l'enveloppe de la graine est mince et sèche. Le pois, le noisetier ont des fruits secs.

EXPÉRIENCES ET QUESTIONS. — *1. Comparez en détail (intérieur et extérieur) une pomme et une nèfle, une poire et une prune. — 2. Rassemblez quelques fruits sauvages (alise, mûre sauvage, fruits d'églantier, d'aubépine, de frêne, d'orme), et cherchez à quel groupe ils appartiennent. — 3. Étudiez une noix ou une amande et dites si elles ressemblent davantage à la noisette ou à la prune. — 4. A la maison, dessinez des fruits; représentez-les en coupe, en grandeur naturelle.*

Fig. 14. — LA VENDANGE.

1. Le raisin est le fruit de la vigne. — Vous connaissez tous la grappe de raisin aux grains violets ou noirs, roses ou dorés. Le raisin, blanc ou noir, est un fruit délicieux, surtout le chasselas doré, le meilleur de nos *raisins de table*. Cependant la plupart des raisins servent à faire du *vin*.

2. La vendange est la récolte des raisins. — Elle se fait en septembre, lorsque les raisins sont bien mûrs et très sucrés.

Le matin, dès que la rosée a disparu, hommes, femmes et enfants se répandent gaiement dans les vignes (*fig.* 14). Chaque vendangeur est muni d'un panier et armé d'une serpette bien aiguisée. Il coupe les grappes et les dépose dans son panier. Un homme portant une hotte va d'un travailleur à l'autre et reçoit sa cueillette qu'il verse dans des *comportes*, sortes de cuves placées sur des charrettes.

3. Le vin rouge se fait avec des raisins noirs. — On les écrase à demi avec un *pilon* ou plutôt dans un **fouloir mécanique,** placé au-dessus d'une grande cuve en bois où tombent le jus, les peaux et les *rafles* (charpente de la grappe). Bientôt on entend un bouillonnement ; des bulles de gaz amènent le *marc* (rafles, peaux et pépins) à la surface, où il forme *chapeau*. C'est la **fermentation alcoolique,** pendant laquelle le jus sucré du raisin, le *moût* ou *vin doux*, se transforme en **vin.**

On refoule le *chapeau* dans la cuve plusieurs fois par jour et, au bout d'une douzaine de jours, on tire par le bas de la cuve le vin que l'on met dans des tonneaux où il achève de fermenter lentement. Quant au marc, on le porte au pressoir, où il donne un vin de seconde qualité.

4. Le vin blanc se fait avec des raisins blancs ou noirs. — Les raisins sont portés au pressoir aussitôt qu'ils sont foulés, et le jus seul (c'est encore du *vin doux*) est placé dans des fûts, où il fermente.

Les raisins noirs traités de la même façon donnent du vin blanc, car c'est dans la pellicule du grain que se trouve la matière colorante du raisin noir.

5. Le tonnelier fabrique les tonneaux et les fûts. — Ils sont composés de *douves* maintenues par des *cercles* et portant aux extrémités des rainures où s'emboîtent deux *fonds* circulaires.

Le tonnelier travaille d'abord les douves avec une **plane** sur un banc ou *chevalet*. Il les assemble ensuite l'une à côté de l'autre dans un moule fait de colliers en fer qu'il serre peu à peu par des vis. Les douves se courbent sous l'action d'un feu de bois allumé dans

Fig. 15. — Tonnelier.

l'intérieur (*fig.* 15). Les fonds, puis les cercles sont alors mis en place. Douves et fonds sont en cœur de chêne fendu ou en châtaignier.

RÉSUMÉ. — Le **raisin** est le fruit de la vigne ; on appelle **vendange** la récolte du raisin.

Les raisins à demi écrasés sont mis dans des cuves où le jus sucré fermente et se transforme en vin.

Le **vin rouge** se fait avec des raisins noirs ; le **vin blanc**, avec des raisins blancs ou noirs. On le loge dans des tonneaux et des fûts en bois de chêne ou de châtaignier.

EXPÉRIENCES ET QUESTIONS. — *1. Tous les grains de raisin, blancs ou noirs, ont-ils le même nombre de pépins ? — 2. Pourquoi les vendangeurs attendent-ils qu'il n'y ait plus de rosée pour travailler ? — 3. Qu'arriverait-il si la serpette des vendangeurs n'était pas bien aiguisée ? — 4. Faites aigrir du vin ; examinez-en la « fleur » à la loupe.*

Fig. 16. — L'Arrachage des betteraves.

1. Le sucre et les plantes sucrées. — Certains *fruits* bien mûrs (cerises, prunes, pêches, etc.) vous paraissent très doux au goût. C'est que leur jus contient du sucre dissous dans l'eau. Les *fleurs* elles-mêmes en contiennent; l'abeille en fait son *miel*. Les *racines* aussi : c'est pour cela que vous aimez les carottes... et la réglisse. La *tige* de la canne à sucre (*fig.* 17), sorte de roseau des Antilles et de l'Amérique du Sud, qui atteint jusqu'à 5 mètres de hauteur, en contient beaucoup.

Jusqu'au siècle dernier, cette plante fournissait du sucre au monde entier. Mais, en interdisant aux navires anglais l'entrée de tous les ports du continent, Napoléon Iᵉʳ avait par là même privé de sucre toute l'Europe; le sucre coûtait 6 francs la livre. On en tira alors de la betterave. Cette plante fournit aujourd'hui la moitié du sucre consommé dans le monde.

Fig. 17. — Canne à sucre.

2. Culture de la betterave. — En ce moment, on arrache un peu partout des betteraves (*fig.* 16). Ce sont les *betteraves fourragères* qui seront pour les vaches, cet hiver, un précieux aliment sucré. Dans le nord de la France,

ce sont les *betteraves blanches sucrières* qu'on livre aussitôt aux
sucreries. Toutes ces betteraves ont été semées en lignes en
avril dans une terre bien fumée; leur racine *pivotante*, qui s'enfonce en terre comme un plantoir, est devenue un énorme ma-
gasin d'aliments sucrés. Si, après avoir mis cette racine à
l'abri pour l'hiver, on la replantait, elle épuiserait pendant cette
deuxième année toutes ses réserves pour nourrir une tige, des
fleurs, des graines.

3. De la betterave au morceau de sucre. — Dans les *sucreries*,
on coupe les betteraves en fines lanières, on les met dans l'eau
chaude pour en dissoudre le jus sucré. On clarifie ce jus, on le filtre,
on le cuit. En se refroidissant, il se partage en sirop ou *mélasse* et en
petits cristaux de sucre brut, ou *cassonade.*

Dans les *raffineries*, la cassonade dissoute dans de l'eau est clarifiée
par évaporation, puis clarifiée, versée dans des moules où le sucre
cristallise et forme des pains qui sont sciés et cassés mécaniquement.

4. A quoi sert le sucre. — Votre mère en ajoute au thé, au
café, aux tisanes, pour les adoucir. Le sucre permet de conserver quelque temps les fruits cuits dans les *compotes*, plus longtemps encore le jus des fruits dans les *confitures* et les *gelées*. Le
confiseur en fait des *dragées*, du *sucre de pomme*, etc.; enfin,
on l'unit au cacao pour faire du *chocolat*. (V. *17° leçon*.)

Le sucre n'est pas seulement une friandise; c'est un aliment
de premier ordre. Il entretient la chaleur animale et l'activité de
tous les organes. C'est pourquoi les compagnies d'omnibus
introduisent du sucre dans la ration de leurs chevaux.

RÉSUMÉ. — La plupart des plantes contiennent du
sucre, mais on ne le retire ordinairement que de la
tige de la *canne à sucre*, plante des pays tropicaux, et de
la racine de la *betterave*, plante des pays tempérés.

On prépare le **sucre brut** dans les *sucreries*, le **sucre
blanc** dans les *raffineries*.

On en fait des confitures, des compotes, des bonbons,
du caramel, du chocolat.

EXPÉRIENCES ET QUESTIONS. — *1. Sucez une fleur d'ortie blanche,
une racine de carotte ou de scorsonère. — 2. Quelles ressemblances y
a-t-il entre la carotte, le navet et la betterave? — 3. Râpez quelques
betteraves avec une râpe à sucre; pressez dans une presse à viande,
et faites évaporer le jus sucré. — 4. Décrivez avec soin un morceau de
sucre (surfaces sciées et cassées).*

Fig. 18. — LE PRESSOIR A CIDRE.

1. Le cidre est du vin de pommes. — La Normandie et la Bretagne, trop froides pour la vigne, ont leurs herbages plantés de pommiers à cidre. De même que le vin est le jus fermenté du raisin, le **cidre** est le jus fermenté de la pomme.

On choisit pour faire le cidre des pommes peu savoureuses dont le jus est plus fort et se conserve mieux. Quand elles sont presque mûres et par un temps sec, on les abat, on les *gaule* avec de longues perches. On les met en tas dans un endroit sec où elles achèvent de mûrir. On les *pile* alors dans un moulin-broyeur. Les pommes écrasées forment une sorte de bouillie, qu'on laisse à l'air un ou deux jours. Alors on la dispose sur le plancher d'un pressoir (*fig.* 18), en couches de 10 centimètres d'épaisseur, séparées par des couches de longue paille de seigle ou de blé, appelée *glui*.

Le jus sucré qui sort du pressoir est recueilli dans de grands tonneaux à bonde retirée où on le voit bouillir, *fermenter* pendant plusieurs semaines, comme le vin dans la cuve. On le met alors dans des fûts ou dans des bouteilles bien bouchées, où il achève sa fermentation. — Quand tout le sucre de la pomme est changé en alcool (V. *5ᵉ leçon*), le cidre est bon à boire; il n'est plus doux, il est *paré.* — Le **poiré** est le jus fermenté de la poire.

2. La bière est une boisson fermentée d'orge germée. — Le nord de la France est une terre riche en céréales : blé, orge, etc. On y boit de la **bière** d'orge, moins forte que le vin, mais qui calme la soif et aide à la digestion par les principes amers des fleurs de *houblon* qu'elle contient.

Le **houblon** (*fig.* 19) est une herbe grimpante qui s'enroule autour de grandes perches. Ses feuilles ressemblent à celles de la vigne et ses fleurs, en forme de cônes à écailles, ont un goût très amer.

L'**orge** (*fig.* 20) est une plante à farine, comme le blé.

Quand un grain d'orge (ou de blé) *germe* dans la terre, c'est-à-dire commence à pousser, sa farine se change en un sucre qui nourrit la jeune plante. Eh bien, pour fabriquer de la bière, on étend des grains d'orge dans une grande pièce et on les arrose de temps en temps pendant une quinzaine de jours; ils germent comme s'ils étaient en terre. On les fait sécher; on les écrase entre des meules; on obtient ainsi une farine sucrée, le *malt*.

Le brasseur met le malt dans de grandes cuves pleines d'eau chaude et l'agite, le *brasse* fortement. L'eau devient sucrée comme du jus de raisin; c'est un *moût*. On le fait bouillir plusieurs heures avec des fleurs de houblon. On le refroidit et on y ajoute de l'écume de bière ou *levure de bière*. Le moût bouillonne, lève, *fermente*, comme le vin et le cidre; son sucre se change en alcool.

Fig. 19.
Tige de houblon.

Fig. 20.
Orge.

Au bout de quelques jours, on met en tonneaux ou en bouteilles.

RÉSUMÉ. — Dans les pays où le raisin ne mûrit pas, on boit généralement du cidre ou de la bière.

Le **cidre** est le jus fermenté des pommes broyées et pressées. La **bière** est une infusion fermentée d'orge germée et de fleurs de houblon.

EXPÉRIENCES ET QUESTIONS. — 1. *Faites germer un grain d'orge sur de la ouate humide; examinez les racines, la tige, et goûtez la farine germée.* — 2. *Quelle différence de goût y a-t-il entre du cidre paré et du jus de pommes écrasées?* — 3. *Examinez à la loupe la fermentation de la levure de bière sur de l'eau sucrée.*

8° LEÇON. — *L'AIR. LE VENT. LE FEU.*

Fig. 21. — LE COUP DE VENT. Tableau de Corot.

1. L'air est partout. — Nous vivons dans l'**air**, comme les poissons dans l'eau. Tout ce qui semble vide est plein d'air.

Dans une bouteille à moitié remplie d'eau, l'air, plus léger que l'eau, se tient au-dessus, comme l'huile dans une veilleuse.

2. Le vent n'est que de l'air en mouvement. — On voit souvent à la porte de certains magasins des enseignes qui, reposant sur des pivots, tournent au moindre vent. Vous pouvez faire un tableau semblable avec du papier et le mettre en mouvement par le *courant d'air* que vous ferez en soufflant.

Quand la classe est chauffée, l'air chaud, plus léger que l'air froid, monte de lui-même à la partie supérieure. Si vous ouvrez alors brusquement portes et fenêtres, il s'échappe par le haut, et un courant d'air froid, un **vent** froid, entre par le bas et fait voler tous vos papiers.

C'est ainsi, mes enfants, que les vents se forment dans l'atmosphère. Le Soleil chauffe inégalement la Terre suivant les pays et les saisons ; et lorsque l'air échauffé d'une région s'élève, l'air plus froid des régions voisines vient le remplacer en formant un *courant d'air*. C'est le vent qui agite les arbres (*fig.* 21), qui fait tourner les ailes des moulins et qui pousse les navires à voiles.

3. L'air pressé est élastique. — Bouchez avec le doigt l'orifice d'une pompe à « *vélo* » et poussez le piston. Il refoule l'air et le presse, le *comprime*, entre les parois de la pompe. Mais l'air résiste, et si vous

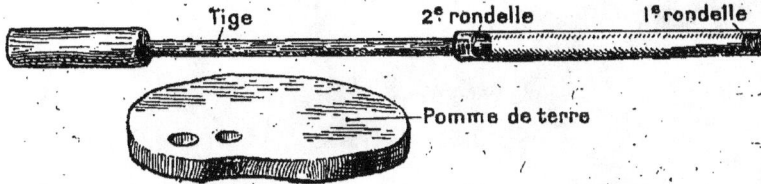

Fig. 22. — Pistolet à air.

lâchez la tige, il se détend comme un ressort et repousse le piston. C'est la force élastique de l'air qui agit dans le pistolet de la figure 22.

4. L'air entretient le feu, pourvu qu'il se renouvelle. — Vous voyez cette bougie qui brûle dans le bocal ouvert. Elle s'éteindra dès qu'un bouchon empêchera l'air extérieur d'entrer dans le bocal.

Au contraire, le feu devient plus vif si vous lui envoyez un *courant d'air* au moyen d'un soufflet, ou si vous forcez l'air à traverser le foyer en abaissant le tablier de la cheminée.

5. L'air est indispensable à tous les êtres vivants. — Une souris peut vivre au fond d'un bocal ouvert. Mais si l'on bouche le bocal, elle respire difficilement et finit par mourir. — Le nageur qui plonge doit revenir à la surface de l'eau pour respirer. — Dans un pot à fleurs que vous avez enfermé sous une cloche, une plante s'*étiole* et périt.

Vous devez donc ouvrir souvent les fenêtres de votre habitation pour y laisser entrer l'air largement.

RÉSUMÉ. — **L'air** nous environne de partout; le *vent* n'est que de l'air en mouvement.

L'air pressé repousse de tous côtés ce qui l'enveloppe.

On ne peut entretenir un feu qu'en renouvelant l'air; on l'active par un courant d'air.

L'air est indispensable à tous les êtres vivants.

EXPÉRIENCES ET QUESTIONS. — *1. Enfoncez brusquement dans l'eau un entonnoir renversé en plaçant votre main un peu au-dessus de la petite ouverture. Que sentez-vous? — 2. Placez un thermomètre sur le plancher de la classe chauffée; puis, en l'accrochant à un bâton, tenez-le quelques minutes près du plafond. Quelle différence de température constatez-vous? — 3. Fabriquez le pistolet de la figure 22.*

Fig. 23. — La Source du Loiret.

1. L'eau est nécessaire à tous les êtres vivants. — Votre mère, mes enfants, se sert d'eau pour préparer vos aliments, nettoyer votre linge, etc. C'est avec de l'eau que vous vous lavez le visage et les mains. C'est de l'eau que vous buvez; vos boissons ordinaires (vin, bière, cidre) contiennent beaucoup d'eau. Il n'est point de liquide plus utile à l'homme que **l'eau.**

Vous avez vu des vaches qui s'abreuvaient à longs traits à la mare, ou des poules qui buvaient à petits coups. Aucun animal ne peut se passer d'eau.

Les plantes aussi ont soif d'eau. Sur la fenêtre, la jeune fille arrose ses fleurs, et c'est la pluie qui fournit aux plantes des champs l'eau dont elles ont besoin.

Un pays sans pluie, comme le Sahara, est un désert.

L'eau nous est fournie par les *sources* (*fig.* 23) qui alimentent les cours d'eau et les puits.

2. L'eau contient toujours des corps étrangers. — Voici un verre à moitié plein d'eau. Le morceau de sucre que j'y plonge diminue peu à peu et disparaît; on dit qu'il s'est **dissous.** L'eau est aussi claire qu'auparavant, mais elle est *sucrée.* J'ajoute du sel de cuisine. Il disparaît comme le sucre, mais l'eau n'est plus agréable à boire : elle est *salée.*

L'eau des pluies, qui pénètre la terre, y dissout certaines *matières solides* qu'elle emporte. Ce sont elles qui forment des dépôts sur les parois d'un bain-marie de cuisine. Les eaux des sources qui contiennent des matières propres au traitement de certaines maladies (Vals, Vichy, etc.) viennent des couches profondes du sol, toujours chaudes. On les appelle **eaux minérales** (ou *thermales*). A Chaudesaigues, dans le Cantal, les eaux ont jusqu'à 80° de chaleur et servent au chauffage chez tous les habitants.

3. Eau liquide, eau solide, vapeur d'eau. — Vous avez vu, mes enfants, que, par les grands froids, l'*eau liquide* devient de l'*eau solide*, de la **glace**; qu'au contraire, si on la chauffe forte-ment, elle se transforme *rapide-ment* en gaz, en **vapeur d'eau** (*fig.* 24). Mais il faut que vous sachiez que, simplement exposée à l'air, l'eau, comme tous les liquides, *s'évapore* aussi, plus ou moins lentement, mais conti-nuellement.

Cette vapeur d'eau, plus légère que l'air, monte dans l'atmo-sphère. S'il fait chaud, l'évapo-ration est plus rapide. De même si le vent souffle, car il entraîne la vapeur à mesure qu'elle se forme. Aussi la lessive sèche-t-elle mieux au soleil et au vent qu'au grenier

La vapeur d'eau est invisible.

Fig. 24. — L'eau chauffée se trans-forme en vapeur. La vapeur d'eau refroidie sur l'assiette froide re-vient à l'état d'eau liquide.

Si celle de l'eau bouillante ressemble à un brouillard, c'est qu'elle se refroidit au contact de l'air.

RÉSUMÉ. — L'eau est nécessaire à tous les êtres vivants. L'eau, même la plus claire, contient d'autres corps. Lorsqu'il fait très froid, l'**eau** devient de la **glace.** For-tement chauffée, elle devient rapidement **vapeur d'eau.** Simplement exposée à l'air, elle s'évapore lentement.

EXPÉRIENCES ET QUESTIONS. — *1. Enfoncez un morceau de glace dans l'eau et dites si la glace est plus légère que l'eau. Que deviendraient les poissons de rivière s'il en était autrement ? — 2. Mettez un très petit morceau de savon de ménage dans un verre d'eau, agitez et remarquez le temps qu'il met à se dissoudre. — 3. Placez un peu d'eau très salée dans une assiette exposée à l'air. Que reste-t-il quand l'eau a disparu ?*

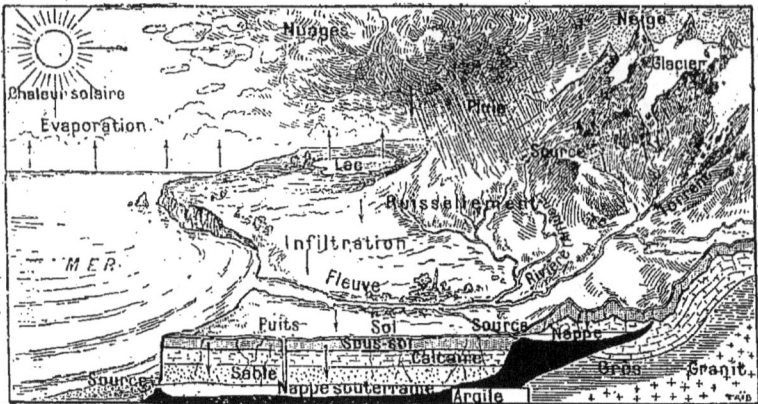

Fig. 25. — La Circulation de l'eau dans la nature.

1. L'eau qui circule (*fig. 25*). — Les beaux jours de vacances sont passés. Il pleut presque toute la journée. Où va
toute cette eau qui tombe ?

Une partie **ruisselle**, c'est-à-dire descend en ruisselets et ruis-
seaux vers les endroits les plus bas : c'est *l'eau courante*. Des ruis-
seaux, par les *cours d'eau* (rivières et fleuves), elle va à la mer.

Une autre partie **s'infiltre** dans le sol. Elle y descend jusqu'à
ce qu'elle rencontre une couche de terrain, comme l'argile, qui
ne se laisse pas traverser par l'eau. Elle en suit la pente, s'étale

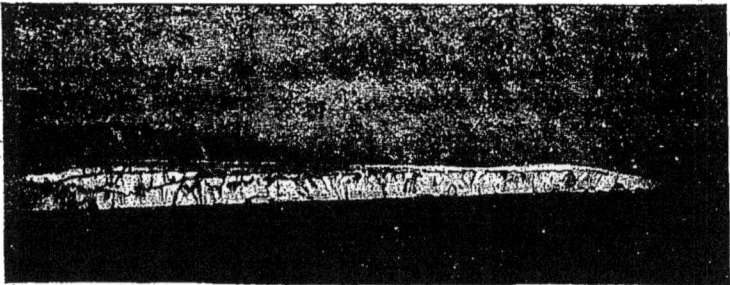

Fig. 26. — Glacier polaire.

parfois en *nappe souterraine*, que l'on atteint par les *puits*, et arrive enfin au jour dans les vallées, où elle alimente les *sources*.

Enfin, une partie de la pluie et des eaux courantes (et surtout
des eaux de la mer) **s'évapore** lentement (V. *9ᵉ leçon*). Quand
cette vapeur d'eau invisible parvient dans les hauteurs froides

de l'air, elle se rassemble, se *condense* en fines gouttelettes et forme les *nuages* qui flottent dans l'air, poussés par le vent.

Si les nuages traversent une région plus froide, les gouttelettes se rassemblent en gouttes plus grosses qui tombent en *pluie*. Toutefois, si la température de l'air baisse jusqu'au-dessous de 0°, elles descendent en petits cristaux étoilés ; c'est la *neige*.

Sur les hautes montagnes, où le froid est perpétuel, la neige se tasse et forme peu à peu une masse qu'on appelle un *glacier* (*fig.* 26). Le lourd glacier descend comme un fleuve lent vers les vallées, où, fondant petit à petit, il alimente un cours d'eau.

2. L'eau qui travaille. — Quand l'*eau courante* rencontre un obstacle, elle le pousse. Si donc l'on dresse sur son passage une sorte de roue sans jantes (*fig.* 27), à rayons larges et plats, appelés *palettes*, l'eau pousse successivement chaque palette, et la roue tourne, tandis que son essieu fixe, prolongé et terminé par une roue dentée, met en mouvement tout le mécanisme d'un **moulin à eau** (V. *13° leçon*) ou d'une scierie, etc.

Si, arrêté par un barrage, le cours d'eau s'élève et se précipite de quelque hauteur sur les palettes, il tombe plus violemment, comme la pierre qui tombe de haut; et la roue tourne plus vite. On appelle *houille blanche* la force des **chutes d'eau** écumantes qui descendent des montagnes.

Fig. 27. — L'eau fait tourner la roue du moulin.

RÉSUMÉ. — **L'eau** est toujours en mouvement dans le monde ; elle tombe en *neige* ou en *pluie,* mais elle va toujours du nuage au cours d'eau, et du cours d'eau à la mer, pour remonter de la mer aux nuages.

Le poids de l'eau, surtout dans les *chutes*, suffit à mettre en mouvement les machines des usines.

EXPÉRIENCES ET QUESTIONS. — *1. Quand il tombe une forte pluie sur la route, observez le ruissellement, l'infiltration, l'évaporation. — 2. Observez à la loupe des cristaux de neige sur une étoffe noire. — 3. Quelle hauteur a la chute d'eau du moulin le plus proche ? — 4. Quelle est la forme et la couleur des nuages quand il fait beau ? quand il va pleuvoir ?*

Fig. 28. — LA FILEUSE AU ROUET.

1. La laine; le feutre. — Il fait froid; vous avez déjà vos chaussettes de laine et vos habits de drap. Connaissez-vous bien, mes enfants, ce que c'est que la laine et le drap?

La **laine** est fournie surtout par la *toison* du mouton. Elle n'est pas composée de fils lisses, comme le lin et le coton, mais de poils frisés qui se prennent les uns dans les autres et forment de petites touffes.

On débarrasse d'abord les laines du *suint* qui les graisse. Les plus courtes (6 à 10 centimètres) sont parfois pressées, *foulées* ensemble, pour que leurs frisures s'entremêlent. Cet amas de poils, c'est le **feutre** des pantoufles et des chapeaux de feutre ordinaires.

Mais, le plus souvent, la *laine courte* est **cardée.** Pour cela on la fait passer entre des têtes de *chardons cardères* (*fig.* 29) ou, mieux encore, entre deux rouleaux hérissés d'aiguilles recourbées (*cardes*) qui la peignent légèrement et la nettoient. La laine courte cardée est destinée à être filée ou à garnir des matelas.

Fig. 29. — Chardon cardère.

Les *laines longues* sont cardées, puis **peignées**; on en fait de la laine à tricoter ou le fil de la plupart des tissus de laine.

2. La laine filée; le tricot. — Peut-être avez-vous vu aux

champs une **fileuse** avec sa *quenouille* garnie de *filasse* (V. *34° le-*
çon), de chanvre ou de laine. Elle étirait doucement, de la main
gauche, quelques brins de filasse, en les tordant entre le pouce
et l'index. Ensuite, de la main droite, elle enroulait le bout
de fil ainsi obtenu et faisait tourner le fuseau tout en étirant
et en tordant de nouveaux brins. Le *rouet* (*fig.* 28), passé de
mode comme le fuseau, et même le *métier mécanique à filer*,
généralement employé aujourd'hui, ne filent pas autrement.

Un brin de **laine filée** n'est pas solide comme un fil de lin,
car ses fibres courtes et frisées se séparent facilement, mais il
est élastique. Vos chaussettes, vos gilets de laine, vos bas et
vos fichus vous préserveront bien du froid, parce que **la laine
tricotée** emprisonne beaucoup d'air dans les mailles souples
de ses poils frisés.

3. La laine tissée ; le drap. — En hiver, nous devons garder
notre *chaleur naturelle*, parce qu'elle est supérieure à la température extérieure. Aussi les vêtements d'hiver sont en **laine
tissée**, qui conduit mal la chaleur.

Un *tissu* est fait de plusieurs fils régulièrement entrelacés
comme les brins d'osier d'un panier. Nous verrons plus tard
comment le tisserand fait la *toile* (V. *34° leçon*). Eh bien ! mes
enfants, la plupart des tissus de laine, des **lainages**, comme la
cheviotte de votre beau veston, ressemblent, quand on les exa-
mine à la loupe, à une toile à gros fil.

Le **drap** est un tissu en laine courte cardée, mais garni d'un
duvet qui forme une sorte de feutre à la surface.

RÉSUMÉ. — Les vêtements d'hiver sont en *laine*.

La **laine** est fournie surtout par la *toison* du mouton.
Le **feutre** est de la laine courte *foulée*.

Les laines courtes sont ordinairement *cardées ;* les laines
longues sont *peignées* et *filées*.

La **laine filée** est *tricotée* ou *tissée*. — Les **tissus** de
laine sont les *lainages*, fabriqués à peu près comme la
toile, et les *draps*, tissus du même genre à surface feutrée.

EXPÉRIENCES ET QUESTIONS. — *1. Peignez avec une épingle un bout
de laine à tricoter ; séparez-en les brins. — 2. Regardez à la loupe de
la laine à tricoter, un bas, du drap un peu râpé. — 3. Allez voir une
matelassière qui carde sa laine. — 4. Quelles sont les étoffes de laine
que vous avez reconnues chez vous ?*

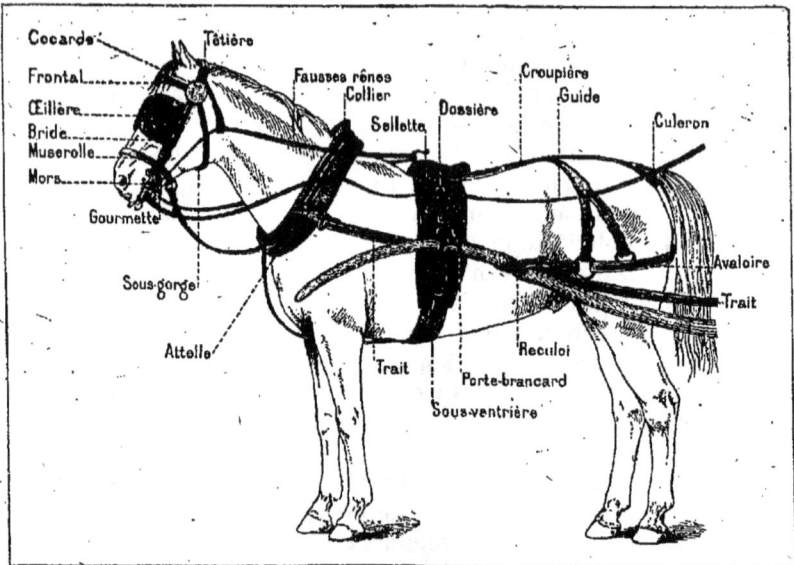

Fig. 30. — LE HARNACHEMENT DU CHEVAL.

1. Le cuir est de la peau tannée. — Une peau fraîche de lapin abandonnée à l'air et à l'humidité pourrit. En plein soleil, elle devient toute raide. Pour conserver les peaux à la fois saines et souples, on les *tanne*. Elles deviennent alors du **cuir**.

2. On tanne les peaux avec de l'écorce de chêne broyée, du tan. — Les peaux, bien râclées et débarrassées de leurs poils, se gonflent pendant plusieurs semaines dans de l'eau chargée de jus de *tan ;* puis le tanneur tasse successivement dans une grande fosse des couches de tan et des couches de peaux et il arrose le tout avec du jus de tan. Il renouvelle le tan plusieurs fois. Au bout de 12 à 18 mois, suivant leur épaisseur, les peaux, complètement imprégnées de tan, sont retirées des fosses, brossées et séchées.

Les peaux de *bœuf* ainsi tannées donnent le **cuir dur** ; on en fait des semelles de chaussures. Les autres (peaux de *vache*, de *veau*, de *cheval*, etc.) donnent le **cuir souple**. On les emploie pour le corps des chaussures. — Les peaux les plus fines ne sont point tannées, mais conservées avec du sel et de l'alun. Elles donnent le **cuir mégis** ; on en fait des gants et des chaussures fines.

3. Le cordonnier habille, chausse le pied. — Pour vous

faire une chaussure (*fig.* 31 et 32), le cordonnier se sert d'une *forme* de bois de mêmes dimensions que votre pied. Il la tient renversée; il fixe sur la face inférieure une première semelle qu'il a découpée au *tranchet*. Puis il adapte l'*empeigne* sur la forme, la tend avec des pinces et en rabat les bords sur la semelle. Il applique alors une seconde semelle, la vraie, et coud

Fig. 31. — Chaussure de luxe   Fig. 32. — Chaussure de fatigue
   (bottine à boutons). .   (brodequin à lacets).

le tout avec une *alène* et du fil enduit de poix, dont l'extrémité est garnie d'une soie de sanglier. Le talon, qu'il pose ensuite, est formé de pièces de cuir collées et chevillées.

4. Le bourrelier fabrique les harnais du cheval (*fig.* 30). — Il les coud avec du gros fil poissé, parfois avec des lanières de cuir. Il fait les colliers, les selles, les brides, etc.

5. Les fourrures sont les peaux, garnies de leurs poils, de certains animaux. — En été votre minet a beaucoup moins de poils qu'en hiver, il est moins chaudement vêtu. Les animaux des pays froids ont une fourrure plus épaisse en hiver. L'homme s'en couvre ou s'en pare après avoir tanné les peaux par un procédé qui permet de conserver leurs poils.

Les **animaux à fourrure** de notre pays sont : la fouine, la marte, la loutre (V. *29e leçon*), le renard, la taupe (V. *42e leçon*), le lapin.

RÉSUMÉ. — On conserve les peaux saines et souples par le *tannage* qui en fait du **cuir**. On tanne le plus simplement avec de l'écorce de chêne broyée ou *tan*.

Le **cordonnier** fait des chaussures, et le **bourrelier** des harnais.

Les **peaux à fourrures** sont tannées avec leurs poils.

QUESTIONS D'INTELLIGENCE. — *1. Dans une peau, qu'appelle-t-on « côté chair »? — 2. Pourquoi le cordonnier bat-il fortement la semelle fixée sur la forme? — 3. Quelle est l'utilité de la soie de sanglier aux extrémités du fil poissé? — 4. Pourquoi recherche-t-on la fouine surtout en hiver?*

Fig. 33. — Les Boulangers, bas-relief de A. Charpentier.

1. La farine et le son. — Quand on gratte avec un canif un grain de blé, on voit que, sous l'écorce jaune et coriace, se trouve une sorte de petite peau légère et poreuse. Ces deux enveloppes forment le **son**. Elles recouvrent un noyau à **farine**.

Les *blés durs*, dont le grain casse sous la dent, contiennent une farine aussi nourrissante que la viande.

Au moulin, le grain est écrasé tout entier, puis la farine est séparée du son, qui est brisé en petites écailles.

2. Moulin et blutoir. — Dans un moulin, deux roues pleines, en pierre dure, sont posées à plat, l'une touchant presque l'autre. Celle du dessous, immobile, s'appelle la meule *dormante;* l'autre, la meule *courante.* Toutes deux sont creusées de petits sillons qui vont du centre à la circonférence. La meule *courante* est percée, au milieu, d'un large trou où tombe le blé versé par un entonnoir. Quand elle tourne, ses rainures croisent celles de la meule dormante, et le grain, pris comme entre des lames de ciseaux, est broyé, *moulu.* Farine et son suivent les rainures et tombent pêle-mêle autour des meules.

On fait alors passer le tout par le **blutoir.** C'est une série de tamis tournants à mailles de moins en moins larges qui séparent la farine la plus fine (*fleur*), la moins fine (*gruau*) et le *son.*

La force qui met en mouvement les roues d'un moulin est donnée par le vent, par une chute d'eau ou par la vapeur. De là les noms de moulin à vent, moulin à eau, moulin à vapeur.

3. Le pétrin et le four du boulanger. — Dans une pièce de la boulangerie, le *fournil* (*fig.* 33), se trouve une sorte de grand coffre en bois; c'est le **pétrin.** Le boulanger y verse de la farine; il la délaye peu à peu avec de l'eau salée tiède et de la *levure de bière* (V. 7ᵉ *leçon*) ou du *levain de pâte* (reste de pâte aigrie d'un pétrissage précédent). Il remue longuement, il *pétrit* le tout, en poussant des *han!* vigoureux, pour y introduire de l'air et faire un mélange intime de farine, d'eau et de levain; c'est la *pâte de pain.*

Quelquefois ce travail est fait au moyen d'un *pétrin mécanique* (*fig.* 34), composé d'une *auge* circulaire A qui tourne sur des galets; elle contient un *pétrisseur* B et deux allongeurs C, C. L'appareil est mis en mouvement après que les éléments de la pâte ont été mis dans l'auge,

Fig. 34. — Pétrin mécanique.

et le pétrissage s'opère. On obtient avec la pétrisseuse un meilleur résultat qu'avec les bras.

Le boulanger divise la pâte en *pâtons*, qu'il place dans des corbeilles d'osier. Ils fermentent, comme le *moût* dans la cuve, et gonflent; on dit qu'ils *lèvent.*

Puis, avec une pelle plate à long manche, il *enfourne* les pâtons dans son four chauffé à 200 ou 300 degrés. Après la cuisson, le pain a une *croûte* sèche et dorée et une *mie* tendre. La mie est trouée par les *yeux du pain*, où logent les bulles de gaz qui se sont dégagées dans la pâte fermentée.

RÉSUMÉ. — Au moulin, le blé est écrasé entre deux meules et les tamis du *blutoir* séparent le son de la farine.

Le boulanger fait de la *pâte de pain* avec de la farine, de l'eau tiède et du levain, la pétrit et la laisse fermenter avant de la cuire dans le four.

EXPÉRIENCES ET QUESTIONS. — *1. Faites un peu de pâte de pain; laissez-la s'aigrir près du foyer. — 2. Regardez à la loupe un morceau de pâte de pain au moment où elle gonfle. — 3. Faites une galette sans levain, et goûtez. — 4. Dites le nom et la forme de quelques aliments, autres que le pain, et qui sont aussi composés de farine.*

Fig. 35. — PAYSAGE D'HIVER.

L'hiver commence le 22 décembre et finit le 21 mars. Dans le calendrier républicain, il comprenait exactement les mois de *Nivôse* (neiges), *Pluviôse* (pluies), *Ventôse* (vents).

Dictons d'hiver. — *La neige vaut un engrais.* — *Hiver trop beau promet été dans l'eau.* — *A Noël le moucheron, à Pâques le glaçon.* — *Pluie de février remplit les greniers.*

Ce qu'il faut voir. — En *décembre*, regarder à la loupe les mousses en fruits. — On continue à chasser le lièvre en battue ou au chien courant, le lapin au fusil ou au furet.

Fig. 36. — Grive.

Les plantes cessent presque de croître ; c'est la *saison morte*. Mais sous la pluie et la neige, l'air, l'eau et les engrais décomposés enrichissent le sol et le préparent au réveil du printemps.

Dès *février*, le pêcher et l'amandier fleurissent.

On voit revenir des pays du sud pour aller dans ceux du nord le pinson et le rouge-gorge, l'alouette et la grive (*fig.* 36).

Hygiène de l'hiver. — Les vêtements de laine, souples et épais, sont les meilleurs. Pour éviter le froid aux pieds, il est bon de prendre des bains de pieds plus fréquents. Il est utile d'absorber en hiver plus de corps gras qu'en été : beurre, lard, etc.; les aliments gras réchauffent.

Pratiquez les jeux en plein air : marche, course à pied, patinage, etc.

LES COLLECTIONS D'HIVER

Le jeune naturaliste. — Pour récolter de beaux échantillons de plantes, il faut enlever la terre des racines et coucher les plantes dans le même sens dans la *boîte à herborisations.*

Pour examiner de près les parties délicates des fleurs, on se sert d'aiguilles aplaties au feu et emmanchées dans un morceau de bois, d'un bon canif et d'une petite pince d'horloger.

De retour à la maison, chaque plante doit être étalée avec soin dans une *chemise* de papier, de la dimension d'un *herbier* (45 cm. sur 29 cm.). Il faut fendre au canif les tiges et les fleurs trop épaisses, repasser avec un fer chaud les plantes à feuilles grasses. On met chaque chemise entre deux matelas de feuilles de papier, on place le tout entre deux fortes lames de carton et on pose par-dessus des objets lourds.

Quand les plantes sont bien sèches, on place chacune d'elles au milieu d'une feuille de papier (*fig.* 37); on la fixe par plusieurs attaches de papier gommé. Au bas de la feuille, on inscrit au moins le nom vulgaire de la plante, la date et le nom de la localité où elle a été recueillie. — Il est prudent de placer l'*herbier* entre deux feuilles de papier buvard imprégnées de benzine. (V. la suite p. 67.)

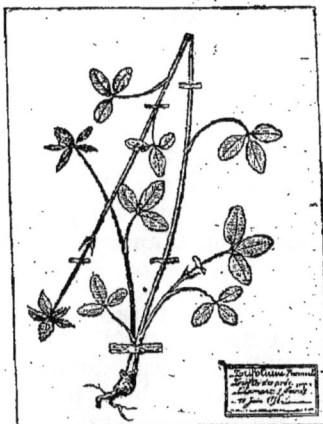

Fig. 37. — Page d'herbier.

Plantes à recueillir. — En *décembre-janvier,* recueillir des échantillons fleuris de pâquerettes et de perce-neige, des petites branches d'arbustes et d'arbres verts : laurier-sauce, aiguilles de pins et de sapins. Choisir quelques plantes sans fleurs : mousses et prêles, dans les prés humides, lichens sur le tronc des arbres et sur les rochers. — En *février,* couper des rameaux en fleurs de noisetier et de pêcher, et des ajoncs.

La chasse aux insectes. — Secouer des mousses et les visiter avec soin; on y trouve de tout petits insectes de la famille du hanneton; on en capture aussi sous les vieilles écorces. Chercher, dans les trous des vieux troncs et sous les chaperons des murs, des *cocons* (V. *40° leçon*) de papillons.

14e LEÇON. — *LA FORÊT. LE BUCHERON.*
LE CHARBONNIER.

Fig. 38. — LES SABOTIERS.

1. La forêt. — Dans la forêt, mes enfants, vous avez vu que certains arbres, le chêne, l'orme, le bouleau, le châtaignier, le hêtre, etc., ont des *feuilles larges*, qui *jaunissent* et tombent à l'automne. D'autres, comme les pins et les sapins, arbres résineux, ont des *feuilles toujours vertes* en forme d'*aiguilles*.

On appelle **futaie** une forêt, formée d'arbres de 30 à 100 ans et davantage, destinés à la charpente ou à l'industrie. — On appelle **taillis** une forêt feuillue qui produit surtout du bois de feu. Elle est formée d'arbres, d'arbrisseaux et de rejets qui ont poussé sur les souches des arbres abattus.

2. Le bûcheron. — Cette année encore, les **bûcherons** ont établi leurs huttes dans la forêt. Quelques fortes branches plantées dans la terre et inclinées l'une vers l'autre, d'épaisses mottes de gazon qui les recouvrent, un trou en haut pour l'échappement de la fumée, une ouverture qui sert de porte-fenêtre, quelques bottes de paille pour dormir sur le sol bien battu, voilà ce dont la famille du bûcheron se contentera pendant de longs mois.

Dans les **futaies**, les bûcherons, armés de *cognées* (*fig.* 39), abattent pied par pied les arbres complètement développés. Ces coupes éclaircissent la forêt ; de nouvelles graines peuvent germer. Dans les **taillis**, les bûcherons exploitent successivement chaque parcelle tous les 15 ou 20 ans. Les *gros troncs* seront employés dans la charpente ou l'industrie ; les autres, sciés en bûches, serviront au chauffage. Les *grosses branches*, coupées en *rondins*, seront transformées en charbon de bois ; les *menues branches*, coupées, seront réunies en fagots.

3. Le charbon de bois ; le charbonnier. — Après le passage des bûcherons, dans une partie bien découverte de la forêt le **charbonnier** plante debout quelques pieux qui formeront une sorte de cheminée au centre de sa meule. Autour de ces pieux, il place debout des *rondins* d'environ 50 centimètres. La *meule* ainsi obtenue est recouverte de terre ou de gazon ; mais, à la base, quelques ouvertures laissent arriver l'air.

On jette dans la cheminée des charbons allumés ; le feu se communique lentement à toute la masse ; mais, faute d'un courant d'air suffisant, le bois ne se consume qu'à moitié. Quand la meule cesse de fumer, on bouche toutes les ouvertures, on laisse refroidir ; le **charbon de bois** est fait

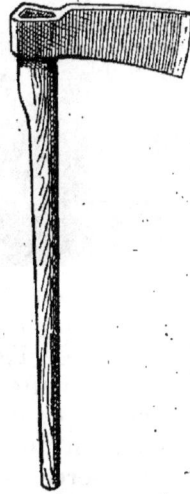

4. Les industries du bois. — On rencontre souvent, aux abords de la forêt, diverses industries du bois. Les *scieurs de long* débitent les planches et les madriers pour les menuisiers et les charpentiers des environs ; le *fendeur* prépare les douves de chêne des tonneaux. Enfin, le *sabotier* (*fig. 38*) donne à de petits blocs de hêtre, grossièrement équarris et creusés, la forme de sabots. Il les travaille avec la *hache* et le *couteau articulé*, il les évide avec la *tarière* et la *cuiller*. Les fins copeaux jaillissent et s'enroulent. Encore un polissage au papier de verre ; il est achevé, le joli sabot de bois !

Fig. 39. — Cognée.

RÉSUMÉ. — Les *feuilles* du chêne, de l'orme, jaunissent à l'automne ; les *aiguilles* des sapins sont toujours vertes. Les grands arbres des **futaies** servent à la charpente et à l'industrie ; avec le bois des **taillis**, on fait des étais de mines, du charbon de bois, des fagots.

Le **sabotier** est installé aux abords de la forêt.

EXPÉRIENCES ET QUESTIONS. — *1. Ramassez des feuilles dans la forêt, et apprenez à connaître les arbres à leurs feuilles. — 2. Demandez au charron, au menuisier, au tonnelier de menues planchettes de différents bois. Remarquez pour chacun d'eux s'il est dur ou tendre, élastique ou facile à fendre, lourd ou léger, etc. — 3. Dessinez deux scieurs de long que vous avez vus au travail.*

Fig. 40. — L'ÉCLAIRAGE DOMESTIQUE.

1. Avec l'allumette on obtient de la lumière. — Voici une allumette ordinaire, une **allumette chimique.** C'est une bûchette de *bois blanc*. La matière jaune qui recouvre l'un des bouts est du *soufre*. Le chapeau qui la termine est une pâte phosphorée colorée en rouge. Je *frotte légèrement* cette extrémité sur un corps dur, une table par exemple. Le *phosphore* s'enflamme. Il brûle très vite, mais il communique le feu au soufre, qui brûle assez lentement pour enflammer la bûchette. L'allumette est donc une petite torche qui prend feu d'elle-même.

Vous avez déjà vu certainement un fumeur se servir du vieux **briquet à pierre.** Il frotte brusquement un morceau d'acier contre le tranchant d'un silex ou *pierre à fusil*. Les parcelles du métal, détachées brusquement par le choc, s'enflamment à l'air et forment des étincelles qui tombent sur de l'*amadou*. L'amadou se consume lentement et peut communiquer le feu à des corps secs.

2. La chandelle, la bougie, la lampe à huile. — Avec une allumette, on enflamme différents corps combustibles qui prolongent l'éclairage. Ainsi, avec du suif (graisse de bœuf ou de mouton), on a fabriqué des **chandelles** à mèche de coton, où la graisse fond autour de la mèche allumée et y monte, comme l'eau monte dans un morceau de sucre qui y est à demi plongé. Plus tard, avec du suif épuré, on a fabriqué des **bougies**, plus propres et plus éclairantes.

Les anciens se servaient aussi de **lampes à huile**, simples vases peu profonds munis d'une mèche de coton. Aujourd'hui l'huile d'éclairage ne s'emploie presque plus, sauf pour les **veilleuses ;** on l'extrait de la graine de colza.

3. L'éclairage au pétrole est le plus répandu (*fig.* 40). —
Le pétrole se trouve en nappes dans les profondeurs de la terre
(*fig.* 41); il dégage des gaz qui, en pressant sur ce liquide, le
font jaillir à la surface du sol par des puits creusés à cet effet.
Il passe ensuite aux épurateurs et peut être employé. Voyez
cette **lampe à pétrole.** La mèche de coton qui y baigne est
engagée par un bout dans une gar-
niture en cuivre où un bouton la
fait monter ou descendre à volonté. Le pétrole monte dans la
mèche comme le suif fondu dans la
mèche de la chandelle.

Une cheminée de verre entoure la
flamme. L'air chauffé monte, car il
est plus léger que l'air extérieur.
Celui-ci pénètre alors par des trous
ménagés dans la galerie de cuivre et
il s'établit un courant d'air. Si j'enlève le verre de lampe, la flamme
devient peu éclairante et fumeuse,
parce que le pétrole brûle moins complètement dans un air moins renouvelé.

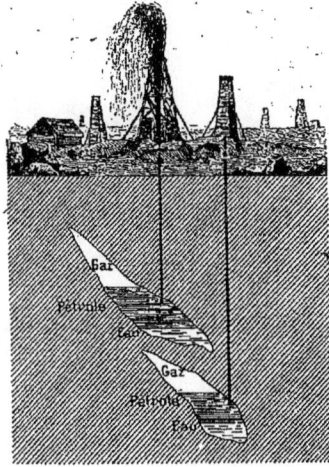

Fig. 41. — Puits de pétrole.

**4. A la ville, on s'éclaire aussi
au gaz.** — On obtient le **gaz d'éclairage** en chauffant fortement, à l'abri de l'air, du *charbon de terre*. Des tuyaux le distri-
buent aux consommateurs et il sort par des *becs*, à une ou plusieurs ouvertures très étroites, lorsqu'on tourne la clef du tuyau.
Réuni à l'air, il forme un dangereux mélange détonant.

RÉSUMÉ. — Une **allumette** ordinaire est une bûchette
recouverte à l'une de ses extrémités de soufre et de phosphore; en la frottant légèrement, on obtient de la lumière.
On s'éclaire d'une façon continue à l'aide d'une **bougie**
et plus souvent d'une **lampe à pétrole.** A la ville, on
emploie aussi le **gaz d'éclairage.**

EXPÉRIENCES ET QUESTIONS. — *1. Quel est le corps qui s'enflamme,
quels sont ceux qui brûlent, dans l'allumette? — 2. Fabriquez une mèche
avec du fil de coton et plongez l'une de ses extrémités dans l'eau. Que
remarquez-vous? — 3. Écrasez des graines de colza sur du papier
buvard. — 4. Quand on sent une forte odeur de gaz dans une pièce,
pourquoi faut-il ouvrir portes et fenêtres avant d'allumer la lampe?*

Fig. 42. — UNE MINE DE HOUILLE À CIEL OUVERT (Decazeville).

1. La houille est un combustible fossile (1). — Vous avez déjà vu, mes enfants, allumer un poêle. Le feu, obtenu par le frottement d'une allumette, se communique rapidement à des fragments de papier froissé, puis à quelques morceaux de bois. On met alors sur le tout des morceaux de houille, ou charbon de terre. La **houille**, placée dans un courant d'air, entretient le feu : c'est un *combustible.*

La houille provient de forêts de plantes gigantesques charriées par les eaux torrentielles il y a des centaines de siècles. Ces amas de végétaux, recouverts plus tard par d'autres dépôts, ont subi une énorme pression à l'abri de l'air et se sont peu à peu changés en charbon. On retrouve souvent dans la houille la forme des végétaux dont elle est composée.

2. Les mines de houille; les mineurs. — Les *gisements* de houille se présentent ordinairement dans le sol sous la forme d'immenses cuvettes brisées, qu'on appelle **bassins houillers.** On y rencontre des *couches* de houille comprimées entre deux lits de pierres, ou des *veines* qui semblent remplir des fentes de l'écorce terrestre. Chaque gisement est une **mine.**

Pour l'exploiter, on creuse des *puits* jusqu'à la rencontre de la houille. Puis, en abattant dans chaque couche les blocs à coups de pic, les **mineurs** creusent des sortes de tunnels ou longues *galeries,*

---

1. **Fossile**, débris de végétal ou d'animal enfoui depuis des siècles.

qui s'entre-croisent. A mesure qu'ils abattent la houille, ils **boisent** les galeries, c'est-à-dire qu'ils revêtent la voûte de pièces de bois soutenues le long des parois par des *étais*. A l'extérieur de la mine, de puissantes machines-soufflent de l'air frais jusqu'aux dernières galeries; d'autres font descendre et remonter dans les puits les cages ou *bennes* qui transportent les mineurs et le charbon. Enfin, chaque mineur s'éclaire avec une *lampe de sûreté*, fermée à clef. En effet, il se dégage dans la plupart des mines un gaz, le *grisou*, semblable au gaz d'éclairage (V. *15e leçon*), qui produirait une terrible explosion si la flamme de la lampe communiquait librement avec l'air extérieur. Quelquefois, mais rarement, la mine s'exploite à ciel ouvert (*fig.* 42).

3. La cheminée; le poêle.

— Tous les *appareils de chauffage* sont destinés à contenir un combustible placé dans un courant d'air (V. *8e leçon*). Dans la **che-** **minée** ordinaire (*fig.* 43), l'air vient librement s'engouffrer pour remplacer l'air chaud qui monte, mais la chaleur du foyer se perd en grande partie et très vite dans le tuyau qui débouche au dehors.

Les **poêles**, placés dans l'appartement, communiquent avec le conduit de dégagement par des tuyaux de tôle. Ils chauffent bien, car leur chaleur se communique à toute la pièce par la surface entière du poêle et des tuyaux. Les *poêles*

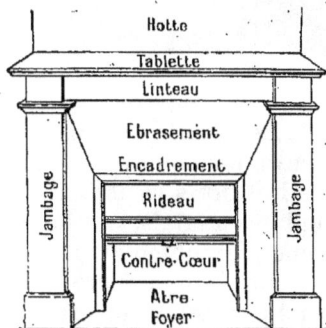

Fig. 43. — Cheminée.

de faïence s'échauffent lentement, mais se refroidissent de même. Les *poêles de fonte* chauffent moins régulièrement et laissent échapper, si on les laisse rougir, des gaz dangereux à respirer.

RÉSUMÉ. — La **houille** ou *charbon de terre* est un combustible. Une **mine** en contient des couches superposées. On atteint la houille par des *puits* et on l'extrait en y creusant des *galeries*.

La **cheminée** est le plus simple des appareils de chauffage, mais les **poêles** donnent plus de chaleur.

EXPÉRIENCES ET QUESTIONS. — *1. Apprenez à allumer facilement un feu. — 2. Pourquoi la houille est-elle plus lourde que le charbon de bois ? — 3. En France les régions houillères sont aussi des régions de grande industrie. Pourquoi ? — 4. A quoi servent les chenets, le soufflet, le tisonnier, le rideau de la cheminée, la clef du poêle ?*

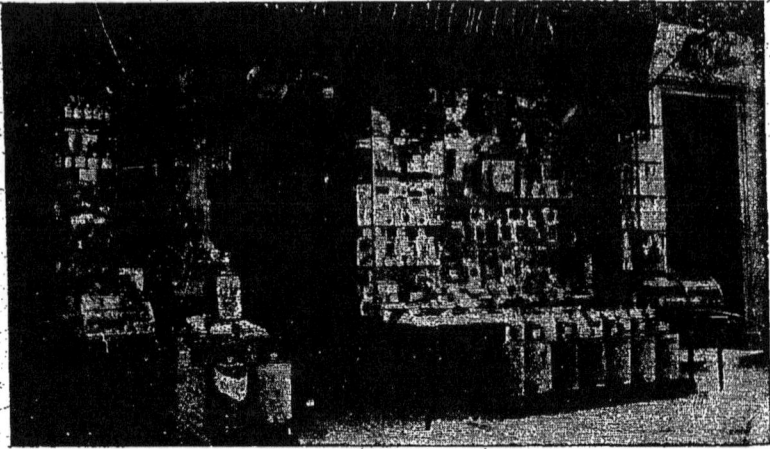

Fig. 44. — UN ÉTALAGE DE CONFISERIE.

1. Les bonbons sont du sucre cuit et aromatisé. — Vous savez mieux que personne, mes enfants, que la forme et le goût des **bonbons** varient à l'infini : sucre d'orge, sucre de pomme, bonbons anglais, berlingots, etc. (*fig.* 44). Mais tous sont formés d'une pâte obtenue en faisant bouillir plus ou moins longtemps un *sirop* (eau et sucre) dans un chaudron de cuivre.

Le **confiseur** colore le sirop à sa fantaisie ; puis il coule la pâte sur une table de marbre et la parfume avec quelques gouttes d'essence (citron, menthe, café, etc.). Avant complet refroidissement, il découpe la pâte et la façonne à la main ou la fait passer entre deux cylindres (*fig.* 45) qui portent en creux la forme des bonbons à obtenir

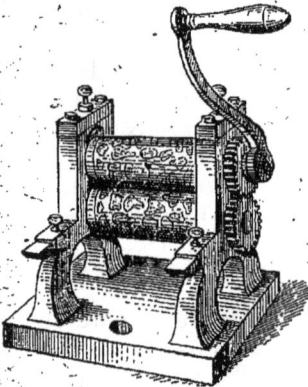

Fig. 45. — Machine à fabriquer les bonbons.

Les formes d'animaux, de pipes, de cigares, de sifflets, etc., s'obtiennent en versant le sirop cuit et coloré dans des moules en métal.

2. Dragées à amandes et à liqueurs. — Les **dragées** sont formées d'un noyau central (amande ou liqueur), recouvert d'un sucre dur et blanc, parfois coloré à la surface.

Les *dragées à amandes* sont fabriquées dans une bassine inclinée qui tourne sur elle-même. Elle est formée par un tube de cuivre enroulé où circule de la vapeur d'eau qui y maintient la chaleur. Les amandes introduites dans la bassine sont entraînées et roulent l'une sur l'autre. Le confiseur les arrose d'abord avec de la gomme dissoute dans de l'eau, puis avec du sirop cuit qui se dépose peu à peu autour des noyaux.

Pour fabriquer les *dragées à liqueurs,* le confiseur prépare d'abord le milieu ou noyau. Sur de l'amidon bien tassé dans une petite caisse en bois, il applique une planche portant en relief des noyaux en plâtre. Il retire la planche et, dans les creux produits, il verse un mélange de sirop et de liqueur. Le sucre du sirop se sépare peu à peu de la liqueur et forme une croûte qui l'emprisonne. On opère ensuite comme pour les dragées à amandes.

3. Pralines. — Les **pralines** sont des dragées grillées. Pour les fabriquer, le confiseur jette les amandes dans une bassine contenant le sirop de sucre et placée sur un feu vif. Il remue de temps en temps. Les amandes se recouvrent peu à peu de sucre coloré en brun par la cuisson.

Le sirop est parfois coloré en rose.

4. Le chocolat doit être pur cacao et sucre. — Le **cacao** est la graine du cacaoyer, arbre des pays chauds. Les graines, séchées, grillées et débarrassées de leur coque, sont broyées à l'aide de meules en granit. On obtient une pâte huileuse à laquelle on ajoute peu à peu du sucre en poudre. Une *boudineuse* mécanique la divise en cylindres égaux. Ceux-ci, placés dans les moules à tablettes, en prennent exactement la forme, grâce aux trépidations d'une table appelée *tapoteuse.* Les moules vont aux refroidissoirs ; les plaques de chocolat, une fois durcies, sont recouvertes d'un papier d'étain qui les protège contre l'humidité, et enveloppées d'un papier plus ou moins ornementé.

RÉSUMÉ. — Les **bonbons** (sucre d'orge, bonbons anglais, etc.) sont fabriqués avec un sirop de sucre cuit.

Les **dragées** sont composées d'un noyau central recouvert d'un sucre dur et blanc, parfois coloré à la surface.

Le **chocolat** est un mélange de sucre et de cacao.

QUESTIONS D'INTELLIGENCE. — *1. Pourquoi le sirop de sucre devient-il pâteux quand il est chauffé ? — 2. Pourquoi est-il mauvais de manger trop de bonbons et de les acheter n'importe où ? — 3. Le chocolat se mélange-t-il au lait aussi aisément que le café ? — 4. Expliquez comment votre maman prépare une tasse de chocolat.*

Fig. 46. — Le Jour et la Nuit.

1. Le Nouvel an. — Mes enfants, le jour du *Nouvel an* approche. Il ne vous fait peut-être songer qu'aux cadeaux que vous recevrez. Mais si vous voulez comprendre ces mots : jour, année, il faut étudier un peu *la Terre* et *le Ciel.*

2. La Terre et les étoiles. — Dans nos belles nuits d'hiver, vous avez vu dans l'espace infini du ciel une foule innombrable de points lumineux. Ce ne sont pas des clous d'or plantés à une voûte céleste pour charmer les regards, mais des astres, des *étoiles* qui se trouvent à d'énormes distances. — Les **étoiles** tremblent, *scintillent,* parce que ce sont des corps lumineux, de véritables *soleils,* qui nous envoient des gerbes de rayons.

3. La Terre et le Soleil. — Le **Soleil** n'est qu'une *étoile,* l'une des plus petites, mais la plus rapprochée de nous. La lumière qui, à une vitesse de 75 000 lieues à la seconde, met quatre ans et demi à nous parvenir de l'étoile la plus voisine après lui, nous arrive du Soleil en moins de neuf minutes.

4. La Terre et les planètes. La Lune (*fig.* 46). — Le soir, vous pouvez remarquer à l'occident *Vénus,* l'astre brillant qui apparaît le premier dans le ciel. Ce n'est pas une étoile, car elle ne scintille pas. C'est une **planète,** c'est-à-dire un astre refroidi qui tourne autour du Soleil. Si elle brille, c'est que le Soleil, couché à l'occident, l'éclaire par-dessus nos têtes et que sa face illuminée nous renvoie la lumière comme un miroir.

La **Terre** aussi est un astre refroidi, une *planète* du Soleil. Elle tourne *autour de lui* en 365 jours, une *année,* à la vitesse de 30 kilomètres par seconde. Elle tourne aussi *devant lui* et

sur elle-même en 24 heures, à 300 mètres par seconde. Elle pos-
sède le double mouvement d'une toupie qui tournerait autour
d'une bougie (*fig.* 47).

La **Lune**, qui n'est qu'à 100 000 lieues de nous, est aussi une
planète, car elle tourne autour du Soleil et n'a d'autre lumière
que celle qu'il lui
envoie. Mais elle
fait en même temps
plus de douze tours
par an autour de la
Terre; c'est le *sa-
tellite* de la Terre.
La Lune, sans eau,
sans atmosphère,
sans vie, est un
astre mort.

**5. Le jour et la
nuit** (*fig.* 46). — Le
jour, vous croyez
voir, mes enfants, le

Fig. 47. — La Terre tourne autour du Soleil
comme cette toupie autour de la bougie.

Soleil monter de l'est vers le haut du ciel pour redescendre vers
l'ouest. La nuit, les étoiles semblent en faire autant. En réalité, ces
mondes énormes ne tournent pas plus autour de la Terre que le
foyer, la cheminée et la salle tout entière ne tournent autour d'un
poulet qui rôtit à la broche. C'est le poulet, la Terre, je veux dire, qui
tourne sur elle-même, mais en sens contraire, de l'ouest à l'est.

RÉSUMÉ. — Les **étoiles** sont des soleils fort éloignés.

Le **Soleil** est l'une des plus petites des étoiles, mais la
plus rapprochée de la Terre.

Les **planètes** sont des astres refroidis qui tournent
autour du Soleil, reçoivent sa lumière et la renvoient
comme un miroir. La **Terre** est une planète. La **Lune**
est une planète qui tourne aussi autour de la Terre; c'est
son *satellite*. La Terre tourne devant le Soleil en un jour
et une nuit, et autour de lui en un an.

EXPÉRIENCES ET QUESTIONS. — *1. Faites-vous montrer un soir
Vénus, la Voie lactée, la Grande Ourse, l'Étoile polaire. — 2. Noircissez
un verre à la flamme d'une bougie et, en plein midi, observez le globe
du Soleil. — 3. A la veillée, essayez de faire avec votre sœur, autour de
la table, les mouvements de la Terre et de la Lune. — 4. Combien de
lieues avons-nous parcourues pendant la classe, emportés dans le
double mouvement de la Terre?*

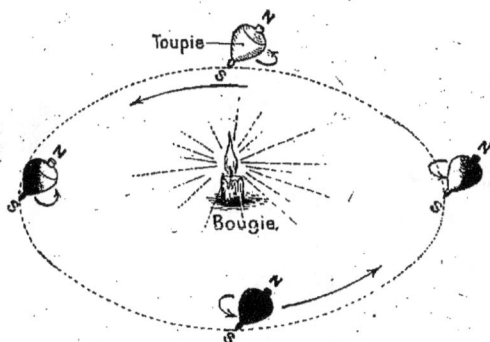

19ᵉ LEÇON. — *L'HOMME. OS ET MUSCLES. SENS.*

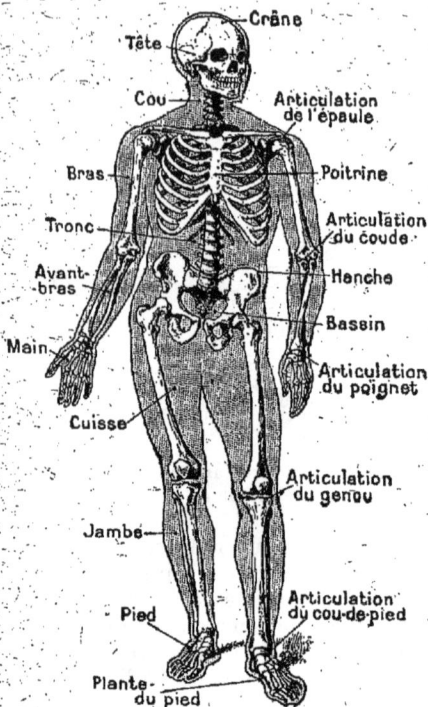

Fig. 48. — SQUELETTE.

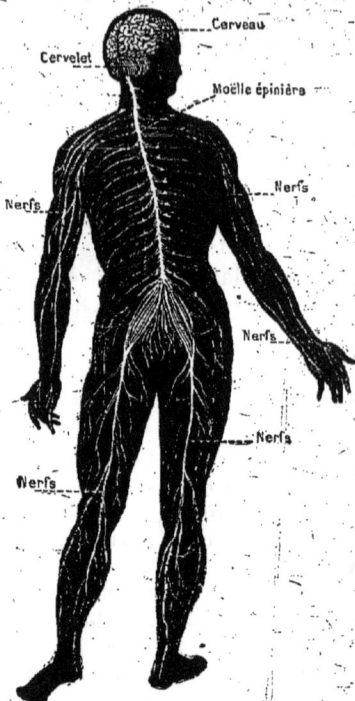

Fig. 49. — SYSTÈME NERVEUX.

1. Le squelette est comme la charpente du corps. — Avec votre main, mes enfants, serrez votre bras, votre menton, l'une de vos jambes, etc. Partout vous sentez sous la peau et sous la chair plus ou moins ferme quelque chose de dur, de résistant : c'est un **os**. L'ensemble des os qui soutiennent votre corps, qui en sont comme la charpente, s'appelle le *squelette* (*fig.* 48).

2. Les muscles font mouvoir les os. — Prenez un morceau de bœuf bouilli ; vous pouvez le diviser en filaments plus ou moins groupés ; ces filaments constituent les **muscles**. La viande, la chair, est composée de muscles.

Avec la main droite, serrez votre bras gauche au-dessus du coude. Dès que vous pliez le bras, vous sentez la chair durcir et se gonfler. C'est qu'en effet les muscles ont la propriété de *se contracter*, c'est-à-dire de se raccourcir en se gonflant.

3. Certains os sont réunis par des sortes de charnières ou articulations. — Vous pouvez plier votre main, mes enfants, au poignet, votre avant-bras au coude, etc. Vous pouvez même (mais ceci, l'homme et le singe seuls peuvent le faire) placer votre pouce en face des autres doigts, et saisir les objets les plus délicats.

C'est qu'en effet certains os, placés bout à bout, sont réunis par des muscles, attachés au-dessus de la jointure. Selon qu'ils se contractent ou se détendent, les os se relèvent l'un vers l'autre ou se rabattent comme deux planches réunies par une charnière. On donne le nom d'**articulations** à ces sortes de jointures à charnières.

4. Le cerveau commande les muscles par l'intermédiaire des nerfs. — Le cerveau (on dit : la *cervelle* pour les animaux) est une substance molle qui remplit le crâne; il est prolongé par la *moelle épinière*. Les **nerfs** sont des filaments blanchâtres, peu résistants mais très sensibles, qui partent du cerveau ou de la moelle épinière et dont les divisions aboutissent dans tout le corps (*fig.* 49).

Si votre main touche le poêle fortement chauffé, certains nerfs sont excités par la brûlure. Ils transmettent au cerveau l'impression reçue et celui-ci, par d'autres nerfs, fait passer aux muscles du bras l'ordre de se contracter, afin d'éloigner la main du poêle.

5. Les cinq sens nous renseignent sur ce qui nous entoure. — Le sens du **toucher** nous fait connaître, *par la peau* et surtout par celle des doigts, la résistance des corps, leur température et leur forme. — Le sens de la **vue** nous fait distinguer, *par les yeux*, la forme et la couleur des objets éclairés. — Le sens de l'**ouïe** nous permet d'entendre, *par les oreilles*, les bruits et les sons. — Le sens de l'**odorat** nous renseigne, *par le nez*, sur les odeurs des corps. — Le sens du **goût** nous fait connaître, *par la langue*, la saveur des aliments dissous dans la salive.

RÉSUMÉ. — Le **squelette** est comme la charpente du corps. Les **muscles** forment la chair; ils peuvent se raccourcir en se contractant. Certains os sont mobiles sur leurs *articulations* (ou jointures).

Le **cerveau**, renseigné par les **nerfs**, commande les muscles.

Nous avons cinq **sens** : le toucher, la vue, l'ouïe, l'odorat et le goût.

EXPÉRIENCES ET QUESTIONS. — *1. Le singe a quatre mains. Peut-il placer son orteil en face des autres doigts ? — 2. Connaissez-vous des animaux sans os ? — 3. Examinez une articulation dans une patte de poulet.*

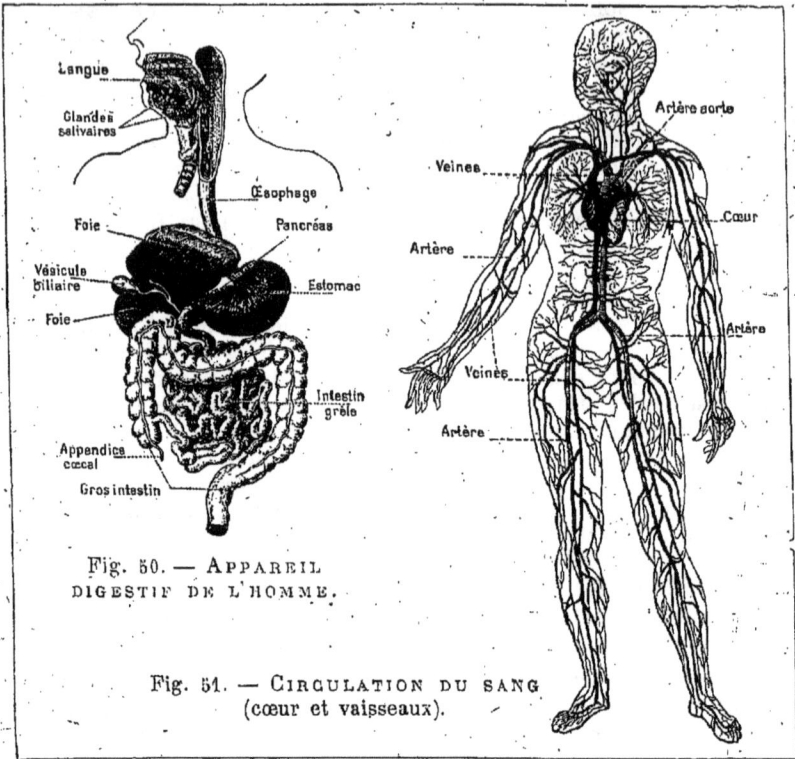

Langue

Glandes salivaires

Œsophage

Foie

Pancréas

Vésicule biliaire

Estomac

Foie

Intestin grêle

Appendice cœcal

Gros intestin

Fig. 50. — Appareil digestif de l'homme.

Artère aorte

Veines

Cœur

Artère

Artère

Veines

Artère

Fig. 51. — Circulation du sang (cœur et vaisseaux).

1. La digestion transforme les aliments en liquides nourrissants. — Quand vous mordez à belles dents dans votre tartine, mes enfants, la salive sortie de dessous votre langue et l'*amidon* du pain forment une espèce de jus sucré assez semblable au jus de fruits. La bouchée humide, mâchée par les dents et mise en boule par les mouvements de la langue, entre dans le **tube digestif** dont l'entrée est au fond de votre gorge (*fig.* 50). Plus bas que la poitrine, ce tube forme une grande poche *musculaire*, l'**estomac**; puis, il prend le nom d'**intestin grêle** (ce sont les *petits boyaux* chez les animaux).

L'estomac et l'intestin (et le *foie*, qui communique avec lui) fournissent divers liquides qui transforment successivement le pain, le beurre et le sucre de votre tartine. Ce qui est digestible, devenu un liquide blanchâtre, filtre à travers la paroi de l'intestin et se mélange dans les veines au sang vicié qui va par le cœur aux poumons pour y redevenir du sang renouvelé (V. § 3).

2. Les aliments digérés sont transportés par le sang. — Le **sang** est un liquide qui contient de l'eau, colorée par des globules rouge vif, et une matière semblable au blanc d'œuf.

Le **cœur,** que vous sentez battre dans votre poitrine, est une poche *élastique* à compartiments, placée entre les deux poumons. Un gros tuyau de conduite, à parois élastiques aussi, appelé **artère-aorte,** part du cœur et se ramifie, comme une branche, en conduits de plus en plus petits appelés *artères* (*fig.* 51). Chaque *battement* du cœur y lance le sang jusqu'au bout du corps. Là il perd son oxygène, fixe les matières nutritives apportées par la digestion et remporte l'eau et le gaz carbonique en excès. Il est alors rouge foncé : on l'appelle *veineux* parce qu'il aboutit à deux grosses **veines** (tubes mous) qui le ramènent au cœur. Tout le voyage a duré une demi-minute.

3. La respiration purifie le sang. — Au fond de votre bouche, en avant du tube digestif, se trouve un autre tube toujours ouvert. Il commence par le **larynx**, où se forment tous les sons de la voix, et finit dans la poitrine, où il se divise en mille conduits dans deux **poumons.** La *cage de la poitrine* est séparée du ventre par une cloison *épaisse et élastique*, le **diaphragme.**

Quand le diaphragme relâché s'abaisse, la cage s'agrandit, et l'air extérieur pénètre dans les poumons, comme dans un soufflet dont on écarte les poignées. Le *sang veineux*, lancé à chaque instant dans les poumons par les contractions du cœur, s'y débarrasse alors de son excès d'eau et de gaz carbonique, se charge d'oxygène, redevient rouge vif et retourne au cœur qui le lancera de nouveau dans les artères.

Alors le diaphragme contracté remonte, et l'air des poumons, vicié par les gaz du sang, est expulsé, *expiré*, par la respiration, comme l'air d'un soufflet dont on rapprocherait les poignées.

RÉSUMÉ. — Tout être vivant doit se nourrir.

Se nourrir comprend trois opérations : 1° la **digestion** (dans le *tube digestif*, l'*estomac* et l'*intestin*) : elle transforme les aliments en liquides nourrissants et les verse dans le sang ; — 2° la **circulation** (par le *cœur*, les *artères* et les *veines*) ; elle porte le sang dans tout le corps et le ramène au cœur ; — 3° la **respiration** (dans les *poumons*) ; elle purifie le sang vicié et le rend rouge vif.

EXPÉRIENCES ET QUESTIONS. — *1. Examinez l'estomac, le cœur, le poumon d'un lapin. — 2. Est-il exact de dire : mon rhume est tombé sur l'estomac ? — 3. Comptez les battements de vos artères au poignet, aux tempes. — 4. Pressez de la main le creux de l'estomac et observez les mouvements de la respiration.*

Fig. 52. — ÉTAL DE BOUCHERIE.

1. Les viandes de boucherie; le boucher. — Les moutons que le berger mène en troupeau, les bœufs (*fig.* 53) et les veaux (*fig.* 54) que l'on engraisse, le cheval même souvent, sont tués tôt ou tard à l'abattoir ou chez le boucher : ce sont des **viandes de boucherie**.

Pour le bœuf, on lui pose sur le front un fort clou en fer maintenu par un masque et on l'enfonce d'un seul coup de maillet. On saigne aussitôt l'animal pour empêcher le sang de se cailler, on le dépouille de sa peau, on le *pare* et on l'expose à l'*étal* du boucher (*fig.* 52).

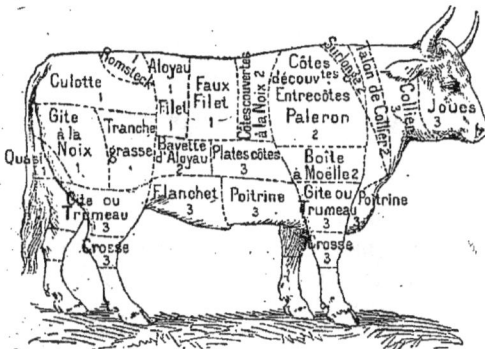

Fig. 53. — Bœuf de boucherie.

2. La viande de porc; le charcutier. — Vous avez certainement entendu, mes enfants, dans les campagnes, les cris effroyables du porc que l'on tue. On le saigne en lui enfonçant un large coutelas dans la gorge, on grille ses *soies* avec

Bœuf

Cheval

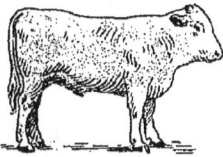
Veau

Mulet

Mouton

Canard

Coq

Pigeon

Lièvre

Chevreuil

Perdrix

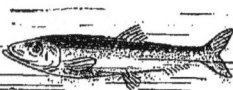
Hareng

Sole

Goujon

Pl. II.   SCIENCES PHYS. (COURS PRÉPARAT.).

de la paille enflammée, on le lave à grande eau et on le dépèce. Sa chair est agréable, nourrissante, mais indigeste.

Dans les villes, c'est le *charcutier* (marchand de *chair cuite*) qui la débite à l'état de viande fraîche (côtelettes, filet, etc.). Il la vend aussi *conservée dans le sel* (petit salé) ou *fumée* (poitrine, jambon).

Enfin, il en fait aussi de la *charcuterie*. Il remplit les boyaux bien lavés de l'animal avec un hachis de maigre et de lard (*saucisses* et *saucissons*), avec le sang du porc, des oignons cuits et de petits morceaux de lard (*boudins*), avec un hachis de boyaux et de la viande maigre (*andouilles*). Il vend aussi le *lard*, bandes de graisse ferme qui se trouvent sous la peau, et le *saindoux*, graisse qui entoure principalement les reins.

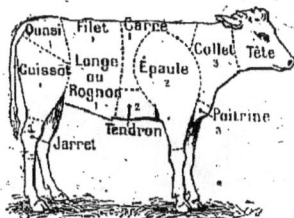

Fig. 54.
Veau de boucherie.

3. Les animaux de basse-cour et le gibier. — On appelle **volaille** (ce *qui vole*) les oiseaux que l'on élève dans la basse-cour (poulet, dindon, oie, canard, pigeon).

Le **lapin,** que l'on élève dans des *clapiers,* fournit une chair assez fine.

Le **gibier** est la chair des animaux sauvages que l'on prend à la chasse (perdrix, faisan; lièvre, chevreuil). Le gibier n'est pas saigné; aussi sa viande est noire et indigeste.

4. La chair du poisson. — Les **poissons de mer** à *chair grasse* (maquereau, hareng) sont moins faciles à digérer que la limande, la sole, le merlan, à *chair blanche.* Les **poissons d'eau douce** (carpe, brochet, barbeau, goujon) paraissent plus rarement sur nos tables.

RÉSUMÉ. — La **viande de boucherie** est la chair du bœuf, du veau, du mouton, de l'agneau ou du cheval; elle est débitée par le *boucher.*

Le **charcutier** vend le porc frais et la *charcuterie* (saucisses, boudin, lard, saindoux, etc.).

Les **animaux de basse-cour** comprennent la *volaille* et le *lapin;* le **gibier** est la viande des animaux sauvages.

EXERCICES ET QUESTIONS. — *1. Quelles viandes sont préférables pour les enfants, et pourquoi? — 2. Quels animaux sauvages connaissez-vous dans votre pays? — 3. Comment le lièvre cherche-t-il à échapper à ses ennemis? — Et l'escargot? — 4. Quelle est la différence entre l'élevage et la chasse?*

Fig. 55. — Récolte de l'absinthe.

1. L'eau est la seule boisson nécessaire. — L'eau entre pour les deux tiers dans la composition du corps de l'homme. La sueur, l'urine, la respiration, etc., lui en font perdre près de 3 kilogrammes par jour. Il faut donc prendre des aliments qui contiennent de l'eau et boire de l'eau; c'est la seule boisson dont l'homme ait réellement besoin.

Cependant il faut en boire avec modération. Il faut surtout éviter de boire en abondance de l'eau trop fraîche, lorsqu'on est en sueur; on s'exposerait aux coliques et aux fluxions de poitrine.

Les *eaux putrides*, où flottent des débris d'animaux ou de végétaux en décomposition, transportent des germes de maladies contagieuses, comme la fièvre typhoïde. A la campagne surtout, les infiltrations des fumiers ou des fosses d'aisances souillent les puits et les sources. Il faut éviter de boire aux sources que l'on ne connaît pas.

2. Boissons fermentées, boissons distillées. — Vous avez vu, mes enfants, que, si on laisse à l'air le *jus sucré* du raisin, il s'échauffe, bouillonne, *fermente*, se change en partie en alcool et devient du *vin* (V. 5° leçon). — Le vin est une **boisson fermentée**; de même le cidre et le poiré (V. 7° leçon).

Pour en retirer l'alcool, il suffit de les chauffer, de les *distiller* dans un *alambic* (*fig.* 56). L'alcool se dégage en vapeur, se refroidit dans le serpentin et y reprend la forme liquide. C'est de l'alcool encore étendu d'eau, de l'*eau-de-vie*. — Les eaux-de-vie de vin (*cognac*), de cidre (*calvados*), de jus de canne à sucre (*rhum*), de jus de merises (*kirsch*) sont des **boissons distillées**.

On peut aussi obtenir des *jus sucrés* avec les graines de

céréales, les pommes de terre, les betteraves, etc., en les chauffant avec du *malt* (V. 7e *leçon*). On fait alors fermenter ces jus sucrés, on les distille et l'on obtient un alcool qu'on appelle *trois-six* ou alcool d'industrie.

Les **liqueurs** (absinthe, anisette, amers, etc.) sont des boissons distillées auxquelles on a ajouté des *essences de plantes* (absinthe, anis, etc.). Ce sont des poisons, surtout l'absinthe (*fig. 55*), et l'on s'explique très bien que la Suisse, par exemple, ait, par un vote du peuple, interdit absolument le commerce de l'absinthe.

3. L'alcoolisme, l'alcoolique. — L'homme qui boit avec excès une boisson fermentée ou distillée devient *ivre*, c'est-à-dire qu'il perd momen-

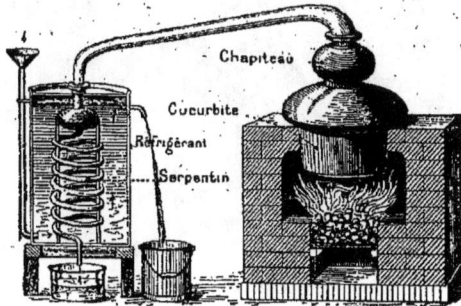

Fig. 56. — Alambic.

tanément l'usage de sa raison. — S'il s'enivre souvent, ou même si, sans jamais s'enivrer, il boit chaque jour plusieurs litres de vin ou plusieurs petits verres d'alcool, il devient *alcoolique*. Son sang est empoisonné; il mange de moins en moins; son estomac ne digère plus; son cœur bat faiblement; ses poumons s'altèrent. Son cerveau surtout s'affaiblit; l'alcoolique risque de tomber peu à peu dans l'imbécillité, la folie ou le crime.

L'alcoolisme est la ruine et la honte d'un pays.

RÉSUMÉ. — **L'eau** est la seule boisson nécessaire à l'homme.

Les **boissons fermentées** (vin, cidre, poiré) sont obtenues avec le jus des fruits et contiennent de l'alcool; les **boissons distillées** (eaux-de-vie) se tirent des boissons fermentées que l'on fait évaporer dans un alambic.

L'alcool est un poison. Il faut donc user modérément des boissons fermentées et s'abstenir des boissons distillées.

EXPÉRIENCES ET QUESTIONS. — *1. Pourquoi faut-il boire modérément le vin, le cidre, la bière? — 2. On se contente ordinairement de sourire du spectacle d'un homme ivre; y a-t-il mieux à faire? — 3. Pourquoi les tisanes, qui contiennent aussi des extraits de plantes, sont-elles préférables aux liqueurs?*

Fig. 57. — Le Séchage des tuiles

1. L'argile forme pâte avec l'eau. — Si vous preniez sur le bord de la mare, tout près de l'eau, une poignée de terre, vous verriez qu'elle est douce au toucher. C'est de la *terre grasse,* parce qu'elle contient beaucoup d'argile.

L'**argile**, ou *terre glaise,* sorte de terre jaune ou rougeâtre, se rencontre en couches épaisses. L'argile sèche colle fortement à la langue, mais si vous l'arrosez avec de l'eau, elle boit cette eau, s'amollit, se délaie et forme une pâte qu'on *pétrit* à volonté.

2. L'argile chauffée devient pierre. — Le pot à fleurs, qui est en argile, ne se laisse pas pétrir ni même rayer par l'ongle. C'est que si l'on chauffe fortement de l'argile en pâte, elle devient une pierre, fragile mais dure : de la *terre cuite.* On peut ainsi fabriquer avec l'argile en pâte toutes sortes d'objets utiles, et, en les cuisant, les conserver sous une forme durable.

3. Les briques; le briquetier. — Les **briques** sont des pierres artificielles en *terre cuite.*

Les **briquetiers** les fabriquent avec de l'argile plus ou moins grossière, de l'eau et du sable; le tout fait une pâte molle. Sur une table saupoudrée de sable mouillé, ils remplissent de cette pâte des cadres sans fond en bois appelés *moules à briques.* D'une secousse, ils détachent les briques et les font sécher à l'air (*fig.* 57), puis sous un hangar.

Pour les cuire, on construit, avec les briques mêmes, une sorte de meule carrée en laissant libres à travers la masse de petits canaux qu'on emplit de charbon. La cuisson dure plusieurs jours.

4. Tuiles et poteries ; le potier. — Les belles **tuiles** rouges, qui font à nos maisons de si jolies toitures, sont fabriquées comme les briques, mais avec une argile moins commune (*fig.* 57). De plus, on les cuit dans un *four spécial*.

On appelle **poteries** des ustensiles de ménage et autres objets en terre cuite : pots à fleurs, pots, cruches, terrines, écuelles, tuyaux de cheminée, tuyaux de drainage, etc. On les fabrique avec une argile assez pure nommée *terre à poteries*.

Le **potier** place sa motte d'argile sur le *tour à potier*. Ce tour se compose de deux plateaux de bois réunis par un pied vertical qui tourne librement. Le potier le fait mouvoir en poussant avec le pied le plateau inférieur, pendant que, des deux mains, il façonne la motte d'argile sur le plateau supérieur. Il lui donne ainsi les rondeurs, le *modelé* voulu. La pièce est alors séchée, puis cuite au *four à poteries*.

Si l'on veut que la poterie ne laisse pas suinter l'eau (cruche, terrine, pot-au-feu, etc.), on la plonge avant de la cuire dans une bouillie très claire d'argile et d'un composé de plomb. La bouillie se dépose en couche très mince, fond à la cuisson

Fig. 58. —Cruche à bière.

et forme à la surface de l'objet un *vernis jaune* imperméable.

Les **grès** (cruches à bière [*fig.* 58], etc.) sont des poteries d'une argile plus fine, et chauffée aussi plus fortement.

RÉSUMÉ. — L'**argile**, ou *terre glaise*, est fort tendre. Lorsqu'elle sèche, et qu'on l'arrose avec de l'eau, elle l'absorbe, s'amollit, se délaye et peut être pétrie à volonté. Fortement chauffée, elle devient une pierre dure : c'est la *terre cuite*. Les **briques** sont des pierres artificielles en argile cuite. Les **tuiles** sont cuites au four ainsi que les **poteries** ; celles-ci sont d'abord façonnées sur le *tour à potier*.

EXPÉRIENCES ET QUESTIONS. — *1. Versez de l'eau dans le creux d'une motte d'argile sèche, dans une terrine. Voyez ce qui se passe. — 2. Faites une pâte d'argile, et façonnez un pot à fleurs ; faites sécher et cuire au four. — 3. Versez du vinaigre sur de l'argile assez pure et sur de la craie. Comparez. — 4. Citez les objets en terre cuite qui existent chez vous.*

24° LEÇON. — PIERRES ET SABLE.
CHAUX ET PLATRE.

Fig. 59. — LES TAILLEURS DE PIERRE.

1. La carrière ; le carrier. — La véritable **pierre à bâtir** est une pierre calcaire, moins blanche et plus dure que la craie, mais bouillonnant comme elle, quand on l'arrose de vinaigre. Dans les contrées où le sol en contient, on creuse des cavités ou des galeries, qu'on appelle **carrières**.

Les carriers dégagent et entraînent les petits blocs irréguliers, ou **moellons**, et fendent avec des pics et des coins les couches épaisses ou bancs de pierre. Les gros blocs qu'ils détachent sont découpés à la scie, puis taillés par le *tailleur de pierre* à l'aide du marteau et du ciseau (*fig.* 59). Ces **pierres de taille** sont employées dans les murs de façade et aussi dans l'encadrement des portes et fenêtres.

2. Le sable ; le verre. — Ce **sable**, ces petits grains arrondis, blancs ou jaunes, qui coulent entre vos doigts, mais que vous pouvez aussi tasser en « pâtés » résistants, ce sont encore des pierres, mes enfants. Dans la construction, le sable sert à faire le *mortier*, qui relie les pierres, et le *verre à vitres*, qui remplit l'ouverture des fenêtres.

Oui, mes enfants, le verre, ce corps transparent, si dur quoique très cassant, est fait avec du sable, de la craie et des « cristaux », fondus dans des fours à une chaleur dix fois plus élevée que celle de l'eau bouillante.

3. La chaux et le mortier. — On ne se contente pas, pour bâtir, d'entasser des pierres les unes sur les autres. On les réunit par un **mortier** qui est un mélange de *chaux* gâchée, c'est-à-dire délayée avec de l'eau, et de *sable*.

La **chaux vive** est une pierre calcaire, *pierre à chaux*, qui a été fortement chauffée dans une sorte de haut fourneau.

— Elle ne bouillonne pas avec le vinaigre ; mais, quand vous l'arrosez avec de l'eau, elle devient brûlante et se gonfle énormément en s'émiettant : c'est de la **chaux éteinte**. — Si vous ajoutez encore de l'eau, elle forme avec la chaux une pâte grasse qui, laissée à l'air, *durcit*. C'est cette propriété qu'on utilise dans l'emploi du *mortier*.

Le maçon qui prépare le mortier creuse une sorte de cuvette dans un tas de sable et y met de la chaux vive. Puis il y verse de l'eau et, armé d'une *gâche* à long manche, il mélange le sable à la chaux. Le tout fait pâte ; le *mortier* est fait.

4. Le plâtre. — On fait du **plâtre** avec la *pierre à plâtre*, comme on fait de la chaux avec la pierre à chaux.

La **pierre à plâtre** ne bouillonne pas quand on l'arrose de vinaigre. Quand on l'a chauffée, on obtient, en l'écrasant, une poudre d'un blanc mat, le *plâtre*, que l'on conserve à l'abri de l'humidité. Si vous gâchez du plâtre avec de l'eau, il formera une bouillie qui s'épaissira, gonflera et durcira en quelques instants. On l'emploie dans les constructions (V. *28e leçon*).

RÉSUMÉ. — La **pierre à bâtir** est une pierre calcaire. Les carriers l'extraient des *carrières* ; les maçons l'emploient sous forme de *moellons* ou de *pierres de taille*.

Le **sable** sert à faire le *mortier* (sable et chaux) et le *verre à vitres* (sable, craie, cristaux).

La **chaux vive** est de la *pierre à chaux* fortement chauffée ; arrosée d'eau, elle s'échauffe, gonfle et s'émiette : c'est de la **chaux éteinte**.

Le **plâtre** est de la *pierre à plâtre* chauffée et réduite en poudre. *Gâché* avec de l'eau, il gonfle et durcit rapidement.

EXPÉRIENCES ET QUESTIONS. — *1. Mettez tour à tour dans un verre contenant du bon vinaigre de l'argile, du sable, de la pierre à plâtre, du plâtre, de la craie. Que remarquez-vous ? — 2. Délayez séparément avec de l'eau de l'argile, de la chaux éteinte, du plâtre. — 3. Quelle est l'action du feu sur l'argile, le sable, la pierre à chaux, la pierre à plâtre ? — 4. Est-ce folie de bâtir sur le sable ?*

Fig. 60. — LE VIADUC DE GARABIT (Cantal).

1. Les métaux. — Le tisonnier, les clous de vos souliers sont en *fer ;* la bassine rouge où votre maman fait ses confitures est en *cuivre ;* l'arrosoir du jardinier est en *zinc.* La feuille mince et brillante qui enveloppe votre tablette de chocolat est de l'*étain* et les petits soldats de votre frère sont en *plomb.*

Le fer, le cuivre, le zinc, l'étain, le plomb sont des **métaux.**

Ce sont des corps durs, brillants lorsqu'ils viennent d'être polis, mais qui *se ternissent* plus ou moins rapidement.

Suffisamment chauffés, ils deviennent liquides. L'étain est celui qui *fond* le plus vite ; puis, c'est le plomb et le zinc.

2. On retire les métaux des minerais. — Dans le sein de la terre, les métaux, unis le plus souvent à d'autres substances, ont une apparence pierreuse : ce sont des *minerais,* qu'on extrait comme la houille. On retire le métal pur du minerai par différents procédés qui constituent la *métallurgie.*

3. Métallurgie du fer. — Dans un haut fourneau, on jette successivement du *coke* et du *minerai de fer.* Le minerai fond, mais le métal, plus lourd, se rassemble à la partie inférieure. On le fait couler de là dans des canaux de sable où il se solidifie. C'est de la **fonte,** fer impur, qui a absorbé pendant la fusion 2 à 5 p. 100 de charbon.

La fonte en fusion est transformée en **fer** si on lui enlève tout son charbon, en **acier** si on ne lui en enlève qu'une partie.

4. Usages du fer, de la fonte et de l'acier. — Le **fer** est le plus répandu et le moins cher, mais le plus utile des métaux. Il entre dans la construction des maisons, des ponts (*fig.* 60), des machines (*fig.* 61 et 62), etc.

La **fonte** est cassante. Lorsqu'elle est en fusion, on en fait, par moulage, des pièces de machines, des colonnes, etc.

L'**acier** peut se forger comme le fer, se mouler comme la fonte, mais il est moins cassant que la fonte et plus dur que le fer. Il sert à fabri-quer des outils, des rails, des canons, etc.

L'acier, la fonte et surtout le fer s'altèrent à l'air humide. Il se

Fig. 61. — Locomobile à vapeur.

forme à leur surface de la **rouille** qui les ronge peu à peu. C'est afin de les préserver de la rouille que la ménagère noircit le fourneau en fonte avec de la plombagine, que le peintre recouvre les grilles en fer d'une couche de peinture.

Fig. 62. — Buttoir.

RÉSUMÉ. — Les principaux mé-taux usuels sont le fer, le cuivre, le zinc, l'étain et le plomb. On les trouve dans la terre à l'état de **minerais.**

Le minerai de fer fondu dans un *haut fourneau* donne de la **fonte,** que l'on transforme en **fer** ou en **acier.**

L'acier, moins cassant que la fonte, est plus dur que le fer.

EXPÉRIENCES ET QUESTIONS. — *1. Nommez les objets en fer qui sont dans la classe. — 2. Grattez avec la pointe d'un clou une lame d'acier; puis, rayez le clou avec le tranchant de la lame d'acier. — 3. Faites fondre sur la pelle à feu une feuille d'étain, un soldat de plomb. — 4. Frappez à grands coups de marteau un soldat de plomb, une vieille grille de foyer en fonte, un autre marteau en fer; qu'observez-vous ?*

Fig. 63. — LE FORGERON.

1. La forge; le forgeron. — Vous avez tous vu, mes enfants, le **forgeron** (le *maréchal ferrant*, qui ferre les chevaux) devant son feu de forge. Un grand soufflet qu'il fait fonctionner au moyen d'une chaîne envoie un courant d'air sous le charbon du foyer.

S'il veut, par exemple, fabriquer un tisonnier, il chauffe jusqu'au *rouge blanc* l'extrémité d'une tige de fer. Le fer devient alors mou comme du plomb; on peut le *forger*, c'est-à-dire le marteler, le souder à lui-même. Aussi le forgeron, armé de pinces, saisit la tige rougie, la porte sur une enclume d'acier et, à coups de marteau, équarrit le bout et effile la pointe (*fig.* 63). Le fer jaillit en étincelles brillantes, parce qu'il brûle comme du charbon enflammé. Le forgeron chauffe alors l'autre extrémité, la recourbe en anneau et la soude à la tige. Il peut de même forger des cercles de roue, des ferrures, etc.

2. Le cuivre; le chaudronnier. — Le **cuivre** rouge, c'est-à-dire le cuivre pur, est le métal qui s'échauffe le plus vite. C'est pourquoi, mes enfants, les ustensiles de cuisine qui vont au feu sont souvent faits en cuivre. Ce métal est bien moins dur que le fer; aussi on peut, même sans le chauffer, le marteler, l'amincir et lui donner la forme que l'on veut.

Le **chaudronnier** (*fig.* 64) a fabriqué ainsi, à petits coups de marteau, la *bassine* où votre mère cuit ses confitures, le *chaudron* où elle fait bouillir son eau, les *casseroles* où elle fait sa cuisine.

Quand il doit assembler deux pièces de cuivre, il les chauffe, y perce des trous correspondants, y met des clous et les *rive*.

3. L'étain; l'étameur. — Vous avez remarqué, mes enfants, avec quel soin votre mère *écure* ses ustensiles de cuisine en cuivre. C'est que le *vert-de-gris* est un violent poison. Mais on a trouvé le moyen de rendre ces ustensiles inoffensifs en recouvrant leur intérieur d'une mince couche d'étain.

L'étain est un beau métal blanc d'argent, brillant, qui fond dès que la chaleur atteint 225 degrés (un peu plus que le double de l'eau bouillante).

Regardez l'**étameur** quand il s'arrête sur la place du village. Sur un feu de braise ardent, il place un chaudron en fer où il jette

Fig. 64. — Chaudronnier.

des morceaux d'étain qui fondent bientôt. Il nettoie au sable l'intérieur des casseroles de cuivre qu'on lui a confiées, et les chauffe. Alors, avec une cuiller de fer, il y verse un peu d'étain liquide et enduit tout l'intérieur avec un tampon d'étoupes; il rejette l'excédent. L'étain refroidit, redevient solide; la casserole est pour ainsi dire doublée d'étain, elle est *étamée*.

RÉSUMÉ. — Le **forgeron** chauffe le fer au rouge blanc, le martèle, l'aplatit et le soude à lui-même; en un mot, il le forge. — Le **chaudronnier** martèle le cuivre à froid et en façonne des ustensiles de ménage. — L'**étameur** étend sur l'intérieur des ustensiles en cuivre une couche d'étain liquide; le cuivre *étamé* n'offre plus de danger.

EXPÉRIENCES ET QUESTIONS. — *1. Passez à la forge et regardez attentivement le travail du forgeron. — 2. Observez les reflets verts du vert-de-gris à l'intérieur d'une casserole mal étamée et mal entretenue. — 3. Citez les objets que vous connaissez en fer, en cuivre, en étain, en cuivre étamé. — 4. Qu'arrive-t-il si on met du linge à sécher sur du fil de fer ordinaire?*

Fig. 65. — LA MAISON EN CONSTRUCTION.

1. Le plan de la maison. — Vous connaissez la maison du voisin, dont l'extérieur est terminé depuis quelque temps (*fig.* 65). Il y a deux mois environ, deux hommes sont venus mesurer le terrain et y planter des piquets.

L'un d'eux était l'**architecte**. Il consultait à chaque instant une grande feuille de papier, un *plan*, où il avait indiqué la hauteur, la longueur et l'épaisseur des murs, le nombre et les dimensions des portes et des fenêtres, etc., en tenant compte des dépenses qu'il pouvait faire et de la solidité des matériaux qu'il allait employer.

L'autre était un **entrepreneur**, un maître maçon qui s'était chargé de l'entreprise générale, c'est-à-dire de tous les travaux.

2. Les murs de la maison; le maçon. — Le maître maçon envoya d'abord des **terrassiers**. Vous les avez vus faire le *terrassement*, c'est-à-dire enlever toute la terre sur l'emplacement des caves, et tracer à la place où devaient s'élever les murs des fossés très profonds. — Puis, des **maçons** les ont remplis de pierres meulières assemblées avec du mortier. C'étaient les *fondations*, qui forment une base solide et saine pour les murs. Ensuite ils ont élevé des *murs* peu épais en briques.

Pour cela, ils avaient dressé des *échafaudages*, c'est-à-dire de forts montants en bois, reliés par des traverses sur lesquelles reposaient des planchers. Les *garçons* y montaient des briques, versaient le mortier dans des auges, et les *compagnons* posaient les briques sur des couches de mortier étendues avec la *truelle*.

3. Le charpentier. — Le **charpentier** s'était chargé de tra-

vailler et de mettre en place les pièces de bois qui devaient sou-
tenir les différents étages et la toiture.

Il disposa au-dessus des caves et à chaque étage des planchers,
c'est-à-dire des *solives* dont les extrémités reposaient sur les
deux plus longs murs, et sur lesquelles on posera plus tard le
parquet (V. *28° leçon*).

Vous avez vu ensuite, mes enfants, se dresser une charpente à
deux pans en sapin. Le charpentier posa à plat, sur le haut des
longs murs, des combles ou *sablières* et, entre les pointes des
deux pignons, un madrier horizontal qui forma le *faîte* du toit.
Puis il disposa des *chevrons* inclinés de la sablière au faîte.

4. La couverture; le couvreur. — Un couvreur vint alors
clouer horizontalement sur la charpente plusieurs rangs de
lattes dont chacun devait supporter un rang de **tuiles**. Il posa à
plat et maçonna les tuiles faîtières, il plaça successivement sur
les lattes des rangs de tuiles, accrochées de façon que celles du
dessus recouvraient en partie celles du dessous.

Si l'on avait employé l'**ardoise** pour le toit, le couvreur aurait
cloué des planchettes sur toute la charpente et aurait fixé chaque
ardoise par deux clous en commençant par le bas.

Nous ne parlons pas des toitures en **chaume** (longue paille
de blé ou de seigle); elles sont assez coûteuses et offrent de
grands dangers d'incendie.

RÉSUMÉ. — L'**architecte** établit un *devis* des dépenses
et dresse le *plan* de la maison.

Les **terrassiers** enlèvent la terre sur l'emplacement de
la *cave* et des *fondations*. Les **maçons** élèvent les *murs* en
reliant les briques ou les pierres par du **mortier**.

Le **charpentier** travaille et met en place les pièces de
bois qui soutiennent chacun des étages et la toiture.

Le **couvreur** accroche sur des lattes les *tuiles* ou les
ardoises qui forment le toit.

EXPÉRIENCES ET QUESTIONS. — 1. Faites la description de la maison
que vous habitez : plan, dimensions et matériaux. — 2. Pourquoi les
toits sont-ils ordinairement en pente ? — 3. Quels sont les matériaux les
plus employés dans votre commune pour les murs, pour le toit, et pourquoi ? — 4. Si l'on construit une maison dans la commune, passez de
temps en temps pour observer la suite des travaux. — 5. Pourquoi, dans
un village de plaine, les matériaux des murs ne sont-ils pas les mêmes
que dans un village de montagnes ?

Fig. 66. — INTÉRIEUR DE SALLE A MANGER.

1. Le plafond et les murs; le plâtrier. — On a interrompu la construction de la maison du voisin, depuis qu'elle est couverte; il est vrai qu'on n'avait plus à craindre l'action des pluies. Mais on a repris les travaux ces jours-ci.

Le maître maçon a envoyé des ouvriers **plâtriers.** Ils ont cloué des lattes minces sous les solives. Puis ils ont *gâché* du plâtre (V. *24ᵉ leçon*). Avec une sorte de planche à manche, appelée *taloche,* ils l'ont étendu sur les lattes du plafond, sur la surface intérieure des gros murs et sur les cloisons. Il a durci aussitôt.

2. Le plombier. — Les **plombiers** sont venus poser les *tuyaux de plomb* qui emmènent au dehors les eaux grasses de l'évier, les *chéneaux en zinc* et les *tuyaux de descente* qui recueillent la pluie des toits, et la *pompe* qui permet de faire monter l'eau du puits.

3. Le menuisier; le serrurier. — Bientôt le **menuisier** viendra. Vous le verrez, mes enfants, poser sur les *planchers* de solives des *parquets* en chêne ou en sapin. Puis il mettra en place les cadres des croisées et des portes de la maison, et les plinthes de bois qui protègent le bas des murs.

Le **serrurier** viendra ensuite. Il posera des *gonds* et des *charnières* pour faire tourner sur eux-mêmes les battants des portes et des fenêtres, des *espagnolettes* ou des *crémones* pour fermer les fenêtres, et des *serrures* pour fermer les portes.

4. Le peintre-vitrier. — Pendant que le plâtre des enduits séchera, le **peintre-vitrier** découpera avec un diamant taillé des vitres ou des *carreaux* qu'il posera à toutes les croisées, en les bordant d'un mastic à l'huile pour empêcher la pluie de s'infiltrer dans les rainures du bois.

Puis il recouvrira d'une couleur rouge à l'huile, le *minium,* et de plusieurs couches d'une autre couleur, toutes les ferrures de la maison pour les préserver de la rouille.

Il appliquera aussi plusieurs couches de peinture sur les boiseries pour les préserver de l'humidité. Enfin, sur les murs intérieurs qu'il serait trop coûteux de peindre à l'huile, il posera des *papiers peints.* Leur couleur et leur dessin varient suivant la destination de la pièce. — La maison est terminée.

5. L'ébéniste; le tapissier. — La maison est terminée, coquette, agréable, saine; mais elle est vide. Pour y vivre commodément, il faut au moins des lits, des chaises, des tables, des armoires ou des commodes. Toutes ces choses, qui peuvent se déplacer, qui sont *mobiles,* c'est le **mobilier** (*fig.* 66). Il peut être fabriqué par le *menuisier.* Mais si notre voisin est riche, il achètera chez un **ébéniste** un mobilier plus élégant et bien plus cher.

L'ébéniste fabrique aussi la monture en bois des sièges; mais c'est le **tapissier** qui les garnit avec des ressorts et du crin et les recouvre de cuir ou d'étoffe. Il pose aussi des *tapis* sur les parquets.

RÉSUMÉ. — Le **plâtrier** enduit de plâtre les plafonds et les murs intérieurs.

Le **plombier** pose la plomberie de l'évier, les chéneaux, les tuyaux de descente de la pluie et la pompe du puits.

Le **menuisier** pose le parquet et met en place les portes et les fenêtres, qu'il fabrique souvent; le **serrurier** y pose toutes les ferrures.

Le **peintre-vitrier** place les vitres; il enduit de couleurs à l'huile les ferrures et les boiseries et tapisse les murs avec du *papier peint.*

L'**ébéniste** fabrique les meubles de luxe; le **tapissier** les garnit.

EXPÉRIENCES ET QUESTIONS. — *1. Allez fréquemment visiter les travaux de la maison qui s'achève. — 2. Pourquoi garnit-on de plinthes le bas des murs? — 3. Voyez comment sont disposés les gonds d'une porte. — 4. Faites la description complète d'une pièce de votre maison.*

LE PRINTEMPS

Fig. 67. — Pommier en fleur.

Le **printemps** commence le 21 mars et finit le 22 juin. Dans le calendrier républicain, il comprenait exactement les mois de *Germinal* (germination), *Floréal* (fleurs), *Prairial* (prairies).

Dictons de printemps. — *Mars poussiéreux et avril pluvieux font l'an plantureux.* — *Une hirondelle ne fait pas le printemps.* — *Avril frais et mai chaud remplissent la grange jusqu'en haut.* — *Jamais pluie de printemps n'est mauvais temps.*

Ce qu'il faut voir. — En *mars*, le groseillier noir et le lilas, puis le framboisier, le noisetier, l'aubépine se couvrent de feuilles; la pâquerette, la primevère, puis le groseillier rouge et le pissenlit fleurissent. — La grenouille et la chauve-souris sortent de leur sommeil d'hiver; l'alouette, le pigeon ramier et la bécasse remontent vers le nord; les merles et les pies font déjà leurs nids. En *avril*, le tilleul, puis le genêt et les arbres des forêts sont en feuilles; le groseillier noir, le prunellier, puis le cerisier, le muguet, le lilas, le poirier et le pommier sont en fleur (*fig.* 67). — Le rossignol et l'hirondelle, puis le coucou, le martinet et le chardonneret sont de retour. Tous les oiseaux font leurs nids. En *mai*, le myosotis, la grande marguerite, l'aubépine, la glycine, le noyer fleurissent. — De nombreux insectes éclosent.

Hygiène du printemps. — En *mars*, et même en *avril*, la température varie brusquement; ce sont des mois à rhume : « Au mois d'avril ne quitte pas un fil; au mois de mai, quitte ce qu'il te plaît. »

LES COLLECTIONS DU PRINTEMPS

Le jeune naturaliste. — Les *fruits secs* se conservent dans des bocaux; les *fruits mous* dans l'alcool à 90° coupé de moitié d'eau. Pour les *bois,* on scie des rondelles de deux ou trois centimètres d'épaisseur, on polit et on vernit une face.

Le *chasseur d'insectes* doit posséder : 1° une serviette (ou *nappe*) tendue aux quatre coins par deux baguettes qui se croisent (*fig.* 68). On y reçoit les insectes que l'on fait tomber en battant avec une canne les arbustes et les touffes de plantes; 2° un *filet-fauchoir,* sorte de solide filet à papillons, avec poche en étamine serrée; on le maniera horizontalement comme une faux. Il peut servir aussi de filet à papillons, et de *troubleau* pour les recherches dans l'eau; 3° un fort couteau pour soulever les écorces, gratter le sol et y découvrir insectes et cocons; 4° un *biberon* à fond plat, à moitié rempli de sciure tamisée et imprégnée de benzine, pour y faire mourir les insectes; 5° une petite *boîte* pour y renfermer les larves et les cocons qu'on espère voir éclore, et les *papillottes* garnies de papillons (V. la suite p. 98).

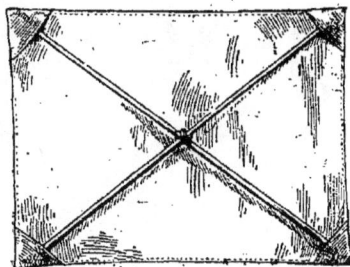

Fig. 68. — Nappe à insectes.

Plantes à recueillir. — En *mars,* récoltez la primevère jaune, la pervenche bleue, l'ortie blanche, cueillez des rameaux fleuris de prunier, d'abricotier, de pêcher, de saule, etc.

En *avril,* recueillez des violettes, des morilles, dans les bois, des pissenlits et des rameaux fleuris de lilas, de cerisier, de pommier.

En *mai,* recueillez le fraisier, le muguet, le myosotis, le coucou, les herbes fleuries des prés et des rameaux en fleur d'aubépine, de noyer, de châtaignier.

La chasse aux insectes. — En *mars,* soulevez les pierres, piétinez et mouillez le sable du bord des rivières pour en faire sortir les insectes; visitez les endroits secs bien exposés au soleil.

En *avril,* mêmes recherches qu'en mars; capturez le paon de jour, le papillon du navet, visitez les boîtes à cocons.

En *mai,* chassez le soir, par un temps sec, dans les prés fleuris, au *filet-fauchoir;* visitez les feuillets des champignons.

Le matin, chassez à la nappe les papillons engourdis; capturez les libellules (demoiselles), le sphinx de la vigne, du liseron, du tilleul, etc.

29e LEÇON. — *GRIFFES ET SABOTS.*

Fig. 69. — LE MARCHÉ AUX CHEVAUX. Tableau de Rosa Bonheur.

1. Deux familiers de la maison : le chien et le chat. — Les animaux domestiques appartiennent, mes enfants, pour la plupart, aux familles les plus voisines de l'espèce humaine.

Regardez le **chien** et le **chat,** par exemple. Comme nous, ils ont une tête, un tronc, quatre membres, et l'intérieur de leur corps est organisé comme le nôtre. Leurs doigts sont terminés par des *griffes* assez semblables à nos ongles (*fig.* 70, 71), mais leur pouce ne peut pas se rapprocher des autres doigts; ils n'ont pas de mains. Ils ont deux longs *crocs* à chaque mâchoire et se nourrissent volontiers de proies vivantes; on les appelle des **carnassiers.**

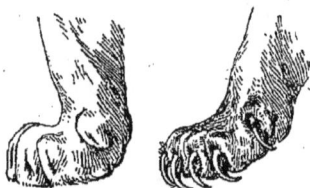

Fig. 70 et 71. — Patte de chat au repos et griffes sorties.

Sans doute le chien domestique, surtout dans certaines espèces, a perdu toute férocité, mais le chat dévore une souris aussi cruellement qu'un tigre une gazelle; il peut d'ailleurs, comme lui, rentrer à volonté ses griffes sous la peau, et faire *patte de velours.*

Nous trouvons encore, dans les bois, des carnassiers à l'état sauvage : le puant putois, la cruelle fouine, la loutre au pelage épais, et aussi ce parent du chien, le renard à longue queue touffue.

2. Un serviteur de l'homme : le cheval. — Le **cheval** (*fig.* 69), mes enfants, a la même structure que les carnassiers ; mais ses grosses dents et les mouvements de sa mâchoire inférieure, qui peut se déplacer de droite à gauche et d'avant en arrière, lui permettent de broyer l'herbe qui est sa principale nourriture.

Le plus curieux, c'est que son pied, redressé et allongé, fait suite à la jambe et repose sur un seul doigt, protégé par un *sabot* de corne (*fig.* 72). Il court donc sur l'extrémité durcie de son doigt ; c'est un coureur des plus rapides.

Les éleveurs ont réussi, par le croisement des races, à créer, pour les différents besoins, des chevaux fort agiles ou fort robustes. Dans les Pyrénées, le **tarbais**, sorte de cheval arabe, mais plus dur à la fatigue, est un excellent *cheval de selle*. — Dans les Ardennes, l'**ardennais**, et dans le Pas-de-Calais, le **boulonnais**, qui ont une grosse tête, un corps large et court, des jambes épaisses, la croupe très charnue, sont des chevaux de *gros trait*. Ils enlèvent les poids lourds des messageries, des brasseries, etc. — Dans l'Eure-et-Loir, le **percheron**, à la fois agile et fort, est un excellent cheval de *trait léger*, qui emmène au trot les omnibus et les diligences. — Enfin, en *Normandie,* le merveilleux **anglo-normand,** au corps élancé, aux jambes fines, est aussi bon pour la selle que pour le trait léger.

Fig. 72.
Sabot
du
cheval.

3. Le cheval du pauvre : l'âne. — L'âne est bien plus petit que le cheval. Ses longues oreilles, son braiement discordant, son entêtement capricieux l'ont rendu ridicule et souvent malheureux. Mais il est fort, il a le pied sûr et se contente de peu.

RÉSUMÉ. — Le **chien** et le **chat** ont des griffes et des crocs pour déchirer leur proie : ce sont des *carnassiers*.

Nous trouvons encore dans les bois des carnassiers à l'état sauvage : putois, fouine, etc.

Le **cheval** mange de l'herbe. Son pied redressé est terminé par un seul doigt protégé par un *sabot*. C'est un animal de *trait* ou de *selle*.

Les meilleurs chevaux français sont le boulonnais, le percheron, le tarbais, l'anglo-normand.

L'âne est le cheval du pauvre.

EXPÉRIENCES ET QUESTIONS. — *1. Observez les griffes d'un chat et d'un chien. — 2. Quels services rendent les différentes sortes de chiens que vous connaissez ? — 3. Apprenez à reconnaître les principales races de chevaux. — 4. Comment se nomme le cri du cheval ? celui de l'âne ?*

Fig. 73. — Le Troupeau de moutons.

1. Lard et soies; le porc. — Un groin souillé d'ordure, de petits yeux perdus dans la graisse, des oreilles tombantes, des poils rudes, une queue en tire-bouchon : c'est le **porc** (ou *cochon*). Ses pieds sont redressés comme ceux du cheval, mais ils se terminent par quatre doigts à sabot; deux seulement reposent, *en fourche*, sur le sol. Le porc est une fabrique de lard; et même, de la tête à la queue, tout en lui est comestible (V. *21ᵉ leçon*).

2. Robes de cuir et biftecks; le bœuf et la vache. — Le bœuf et la **vache** ont les pieds fourchus comme le porc, mais deux doigts seulement à chaque pied. Ils se nourrissent d'herbe comme le cheval; mais, de plus, ils *ruminent*. Lorsque, couchés dans la prairie, ils semblent remuer à vide leurs mâchoires, ils ramènent dans leur bouche les aliments entassés à la hâte dans leur *panse*, pour les mâcher complètement, les imprégner de salive et les faire couler dans leur véritable estomac.

Le bœuf est robuste et pesant. Il trace de profonds sillons et traîne de son pas indolent les fardeaux les plus lourds.

Le plus souvent il est élevé pour la boucherie (V. *21ᵉ leçon*), et quand on a retiré de sa *dépouille* une montagne d'aloyaux et de biftecks, on *tanne* encore sa peau pour en faire du *cuir*.

3. Fontaine de lait; la vache. — La **vache** (*fig. 74*) aide parfois le bœuf ou le remplace à la charrue. Comme lui, elle fournit de la viande et du cuir. Toutefois, ce qu'elle a de plus précieux, c'est le lait destiné par la nature à la nourriture du jeune veau, mais que le fermier recueille deux ou trois fois par jour. Il en fabrique du beurre et du fromage (V. *31e leçon*).

Le lait est un aliment que rien ne remplace pour les enfants, les malades et les vieillards.

4. Robes de laine et gigots; le mouton. — Le **mouton**, bien plus petit que le bœuf, est de la même famille que lui, mais sa peau (sa

Fig. 74. — Vache laitière.

robe), dont on fait aussi du cuir, est garnie d'une laine épaisse et frisée dont l'homme fait de chauds vêtements (V. *11e leçon*).

Le mouton est le bœuf des pâturages maigres. Le *berger* conduit les moutons en *troupeau* paître l'herbe des fossés, des chaumes (1), des friches (2) et des landes (*fig.* 73). La femelle du mouton, la **brebis**, nous donne l'*agneau*. — Le mouton finit à la boucherie (V. *21e leçon*); le meilleur morceau est le *gigot*.

RÉSUMÉ. — Le **bœuf**, la **vache** et le **mouton** ont, à leurs *pieds fourchus*, deux doigts munis de *sabots;* le porc en a quatre, mais deux seulement reposent sur le sol. Tous fournissent de la viande.

On emploie le bœuf aux champs; la vache nous donne ses *veaux* et son *lait;* le mouton, sa *laine*. Enfin, on fait du *cuir* avec leur peau.

EXPÉRIENCES ET QUESTIONS. — *1. Que fait-on avec les soies de porc?* — *2. Allez voir le bouvier aiguillonner ses bœufs.* — *3. Observez la traite d'une vache. En quoi ressemble-t-elle à l'acte du veau qui tète?* — *4. Quelle est la couleur de la viande du veau? du bœuf? du mouton?*

1. *Chaumes*, champs où la base des tiges de blé coupées est encore sur pied.
2. *Friches*, terres non cultivées.

Fig. 75. — La Traite des vaches.

1. Le lait s'altère facilement. — Vous savez que le lait se décompose, qu'il *tourne* très vite. Aussi, quand la fermière ne vend pas son lait aux particuliers ou aux beurreries et fromageries, elle le *coule* à travers un tamis aussitôt après la traite (*fig.* 75) pour en enlever les impuretés (poils de vache, etc.) et le conserve à la *laiterie*, pièce fraîche et bien aérée, dans de grandes terrines peu profondes et largement évasées.

2. Avec la crème on fait du beurre. — En un ou deux jours, la *matière grasse* du lait, composée de globules plus légers que le reste, monte lentement à la surface : c'est **la crème.** On

Fig. 76. — Baratte à piston.   Fig. 77. — Baratte normande.

l'enlève à plusieurs reprises avec une écumoire et on la conserve à part. Il reste dans le vase du lait écrémé, pris en masse ; c'est le *caillé*, qui est un aliment agréable et rafraîchissant.

Quand la quantité de crème recueillie est suffisante, on la verse dans la *baratte* (*fig.* 76). La baratte normande (*fig.* 77) est une sorte de tonneau, garni à l'intérieur de pièces de bois appelées *agitateurs*.

A l'aide d'une manivelle, on fait tourner la baratte plus ou moins longtemps. Les globules de la crème, se heurtant sans cesse aux agitateurs, se soudent entre eux et forment des *grumeaux* de beurre. On fait couler par le bas le liquide qui reste, **lait de beurre** ou *babeurre;* on le réserve pour les porcs ou les veaux. On lave le beurre dans la baratte avec de l'eau pure et fraîche, on le retire et on le pétrit pour enlever tout le reste du babeurre et l'eau. On le tasse enfin en *mottes* ou en *pains*.

3. L'écrémage mécanique. — Le beurre est d'autant plus fin que la crème est plus fraîche. Aussi l'on se sert de plus en plus d'*écrémeuses centrifuges* qui séparent la crème du lait aussitôt après la traite.

Un bol en métal, où de nombreuses ailettes divisent le lait en couches très minces, fait des milliers de tours à la minute. La crème, plus légère que le lait, est *chassée du centre* des ailettes vers le bord du bol, où elle s'écoule par un tuyau, comme la pierre qui s'échappe d'une fronde en mouvement.

4. Avec le caillé on fait du fromage blanc. — On laisse égoutter le caillé sur une claie d'osier ou dans des moules finement troués et garnis de toile claire. Le liquide qui s'écoule, le **petit-lait**, est bon pour les porcs. Le **fromage blanc** (ou *fromage à la pie*), qui reste, est gras ou maigre, selon qu'il provient d'un lait plus ou moins écrémé.

RÉSUMÉ. — Lorsque le lait est au repos, la *matière grasse* monte peu à peu à la surface : c'est la **crème**. Au dessous est le **lait caillé**.

La crème versée dans une *baratte*, où elle est agitée fortement, se sépare en **lait de beurre** qui s'écoule et en grumeaux de **beurre** que l'on pétrit.

Le *caillé* égoutté donne le **fromage blanc**.

EXPÉRIENCES ET QUESTIONS. — *1. Pourquoi les ouvertures de la laiterie sont-elles parfois garnies de toiles métalliques? — 2. Allez voir, un matin, tout le travail de la fermière à la laiterie et à la laverie. — 3. Voyez et goûtez du babeurre, du petit-lait, du fromage blanc. — 4. Battez bien de la crème tiède dans un bol et faites du beurre. — 5. Décrivez, avec quelques détails, la fabrication du beurre telle qu'elle se pratique non loin de chez vous.*

Fig. 78. — La Basse-cour.

1. Les animaux à plumes ; les oiseaux. — Tous les animaux dont nous avons parlé jusqu'ici avaient des *poils* (poils, laine ou soies). Mais vous en avez, dans la basse-cour même, de bien différents : des **oiseaux**. Ils ont le corps couvert de *plumes*. Ils ont aussi deux *ailes*, sortes de rames qui leur servent à nager dans l'air. Enfin, leurs petits naissent enfermés dans des œufs, d'où ils ne sortent que quand ceux-ci ont été *couvés*.

2. Chanteur et pondeuse ; le coq et la poule. — Le bel oiseau qui circule majestueusement dans la basse-cour (*fig.* 78) au milieu des poules, la tête ornée d'une énorme crête rouge, la queue en panache, les pattes armées d'éperons appelés *ergots*, c'est le **coq** (*fig.* 79). Son puissant *cocorico* annonce le jour : c'est le chanteur de l'aurore.

Fig. 79. — Coq et poule.

La **poule** *glousse* modestement, mais elle est bien plus utile. Elle pond, de janvier à l'automne, de 80 à 150 œufs qui sont, avec le pain et la viande, la base de notre alimentation.

A certains moments de l'année, quand on laisse les œufs à la poule, elle se couche dessus, les tient chauds, les *couve* jusqu'à ce que, au bout de vingt et un jours, il en sorte de petits *poussins* capables de chercher eux-mêmes leur nourriture. A 3 ou 4 mois, le poussin est devenu un *poulet* exquis à manger. S'il échappe à la broche, il devient coq ou poule.

Le coq et la poule *marchent* plus qu'ils ne volent; ils grattent le sol pour trouver leur nourriture. Leur estomac robuste broie les grains les plus durs.

3. Oiseaux rameurs; le canard et l'oie. — Voyez-vous ce **canard** qui flotte comme un bouchon sur la mare? Il s'y déplace aisément, car il rame avec ses *pieds palmés*, où une membrane réunit les doigts jusqu'au bord des ongles. Il est le roi des mares et des étangs.

Son bec épais a la pointe émoussée, et les bords sont garnis de lames entre lesquelles il tamise pour ainsi dire la vase qu'il fouille. Son plumage serré est enduit d'un corps huileux qui empêche l'eau d'alourdir ses ailes. A terre il se dandine gauchement et *cancane* désagréablement.

La **cane** pond moins que la poule; les **canetons** ou petits canards ont une chair exquise.

L'**oie**, plus grande que le canard, est fort disgracieuse à terre. Elle marche les jambes écartées, tendant son cou comme une perche, ouvrant le bec et jacassant à tout propos, s'effrayant pour un rien, et courant follement les ailes grandes ouvertes.

Mais sa chair est exquise, sa graisse est succulente, son duvet garnit de moelleux édredons. Quand on la *gave* (1), pour l'engraisser, son foie se développe énormément; on en fait des pâtés de foie gras. Enfin, avant l'invention des plumes métalliques, on n'écrivait qu'avec des plumes d'oie épointées et fendues.

RÉSUMÉ. — Les **oiseaux** ont des plumes et des ailes. Ils pondent des œufs d'où sortent des *petits*.

Le **coq** et la **poule** sont des oiseaux qui marchent et qui grattent le sol. Leurs petits, *poussins* au sortir de l'œuf, sont *poulets* à trois mois.

Le **canard**, aux pieds palmés, rame sur la mare et fouille de son bec à lames les herbes et la vase. L'**oie** a une chair exquise et un duvet très fin.

EXPÉRIENCES ET QUESTIONS. — *1. Décrivez les diverses sortes de poules que vous connaissez. — 2. Dans le poulailler, comment se place la poule pour dormir? — 3. Si vous avez déjà vu un vol de canards sauvages, décrivez-le. — 4. Nommez d'autres oiseaux aux pieds palmés.*

(1) *Gaver*, faire absorber la nourriture par force.

Fig. 80. — LA PÊCHE À LA LIGNE.

1. Les poissons vivent et respirent dans l'eau. — Regardez le petit poisson qui nage dans ce bocal (*fig.* 81); son corps allongé fend l'eau qui glisse sur sa peau couverte d'*écailles*. Il n'a pas de membres, mais il se déplace en repoussant l'eau avec sa queue et avec ses *nageoires;* ainsi feraient des bateliers qui marcheraient à la fois à l'aviron et à la godille (1).

Fig. 81. — Aquarium.

Voyez, de chaque côté de la tête, ces sortes de volets qu'il ouvre et ferme régulièrement; ce sont les *ouïes*. Elles recouvrent des lamelles teintées en rouge vif par le sang qui y circule. Ces lamelles, disposées comme les dents d'un peigne, sont appelées *branchies*. Elles servent au poisson à respirer. L'eau entre par la bouche, traverse les branchies et sort par les ouïes. L'air qu'elle contient toujours agit dans les branchies comme dans un véritable poumon.

2. Poissons d'eau douce et poissons de mer. — Les **poissons** vivent dans les eaux douces (rivières, lacs, étangs) ou dans la mer.

1. *Godille,* aviron que l'on manœuvre à l'arrière d'un bateau.

Les principaux *poissons d'eau douce* sont le brochet (*fig.* 82), la carpe, le barbeau, la perche, la tanche, le goujon, la truite, l'anguille, etc.

Les *poissons de mer* sont surtout la morue des régions polaires, le hareng et la sardine qui voyagent par troupes, le maquereau, le thon, et des poissons au corps aplati, comme le turbot, la sole et la raie.

3. La pêche. — Presque tous les poissons sont bons à manger. Pour les capturer, le procédé le plus agréable est la *pêche à la ligne* (*fig.* 80) que vous connaissez tous. Le pêcheur met à ses hameçons une amorce différente, suivant que le poisson qu'il veut prendre se nourrit d'animaux ou de plantes. On emploie aussi le filet, l'épervier, etc.

Sur mer, la pêche à la ligne est pénible. Les lignes pour pêcher la morue ont plusieurs kilomètres de longueur et portent 2 000 à 3 000 hameçons. On pêche aussi à l'aide de *filets* à mailles plus ou moins larges.

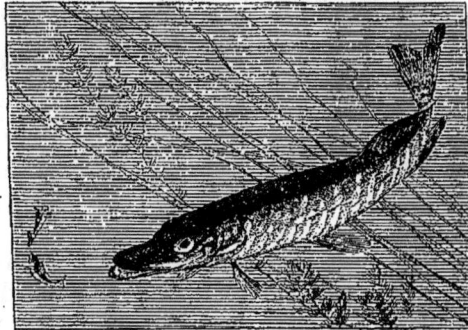

Fig. 82. — Brochet.

En France, la pêche occupe près de 100 000 marins.

4. Repeuplement des cours d'eau. — Dans les établissements de *pisciculture,* on élève les poissons artificiellement. Leurs œufs sont recueillis et placés dans une série de bassins peu profonds où l'eau se renouvelle sans cesse et où ils éclosent. Les jeunes poissons ou *alevins* sont portés dans la rivière à repeupler dès qu'ils ont acquis un certain développement.

RÉSUMÉ. — Les **poissons** vivent dans les eaux douces ou dans la mer. Ils n'ont pas de membres, mais des *nageoires*. Ils respirent par des *branchies* l'air que l'eau contient.

On pêche le poisson à la ligne ou au filet. Les cours d'eau sont repeuplés par les *alevins* élevés artificiellement.

EXPÉRIENCES ET QUESTIONS. — *1. Quand on chauffe de l'eau, ne voit-on pas se dégager cet air que les poissons respirent? — 2. Mettez un poisson dans de l'eau bouillie et refroidie; bouchez le bocal. Observez ce qui se passe. — 3. Examinez comment sont disposées les écailles qui protègent la peau du poisson. — 4. Quel nom donne-t-on aux os du poisson?*

Fig. 83. — LE TISSERAND.

1. Les vêtements d'été. — Mes jeunes amis, vous avez remplacé vos épais vêtements de laine par des vêtements plus légers de coton, de chanvre ou de lin.

Fig. 84. — Fileuse au fuseau.

Le **coton** est un duvet de filaments crépus qui recouvre les graines du cotonnier, plante de l'Inde, du sud des États-Unis, de l'Égypte, etc.

Le **chanvre** et le **lin** sont des herbes cultivées de notre pays. Leur écorce contient des filaments souples et tenaces (*fibres*) qui, séparés de la partie dure de la tige, constituent la *filasse*.

Le coton et la filasse, étirés et tordus, se transforment l'un et l'autre en *fil*. Dans certaines campagnes, les fileuses à la quenouille (*fig.* 84) ou au rouet confient encore leur fil au tisserand qui en fait de la **toile** de ménage, toile grossière, mais excellente à l'usage.

2. Le « métier » du tisserand (*fig.* 83). — Le **tisserand** dispose d'abord de longs fils les uns à côté des autres sur un grand dévidoir :

c'est l'*ourdissage*. Il les enroule ensuite sur un cylindre de bois placé à l'arrière du métier à tisser et il fixe en avant les extrémités libres sur un autre cylindre où la toile fabriquée s'enroulera au fur et à mesure. Les fils ainsi tendus côte à côte sur toute la largeur du métier sont appelés **fils de chaîne**.

Chaque fil de rang impair (1, 3, 5, 7...) passe dans un anneau d'un cadre et chaque fil de rang pair (2, 4, 6, 8...) passe dans un anneau d'un autre cadre. Ces cadres, reliés entre eux par une corde qui passe sur une poulie, sont rattachés par le bas à des pédales.

Lorsque le tisserand appuie sur l'une des pédales, les fils d'un même rang se soulèvent et ceux de l'autre rang s'abaissent. Quand il appuie sur l'autre, les premiers fils retombent et les autres se soulèvent. Aussi, quand le tisserand, après chaque coup de pédale, lance sa navette chargée d'un fil entre les nappes de fils pairs et impairs, ce fil, se croisant avec ceux de la chaîne, forme la trame et complète le tissu. A l'aide d'un peigne mobile, il pousse chaque **fil de trame** contre le précédent.

Tel est le vieux métier à tisser : les métiers mécaniques l'ont remplacé presque partout et servent à fabriquer toutes sortes de tissus.

3. Le tailleur et la couturière. — Nos vêtements sont taillés et cousus par le **tailleur** ou la **couturière**. Pour cela, ils prennent d'abord sur notre corps différentes mesures d'après lesquelles ils taillent toutes les pièces du vêtement dans du papier pour former un *patron*, c'est-à-dire un modèle. Ils découpent ensuite l'étoffe sur le patron et assemblent les différentes pièces, qu'ils cousent à la main ou à la machine.

RÉSUMÉ. — Le **coton** est le duvet qui recouvre les graines du cotonnier.

Le **chanvre** et le **lin** sont des herbes cultivées de notre pays.

Les filaments souples que l'on dégage de l'écorce du chanvre et du lin constituent la *filasse*.

Le coton et la filasse sont transformés l'un et l'autre en *fil*, puis tissés.

Le **tisserand** fabrique la *toile* de ménage.

Nos vêtements sont taillés et cousus par le *tailleur* ou par la *couturière*.

EXPÉRIENCES ET QUESTIONS. — *1. Pourquoi met-on des vêtements de toile en été ? — 2. Demandez à votre mère un bout de toile. Séparez la trame et la chaîne. — 3. Brûlez des fils de coton et des brins de laine : que remarquez-vous ? — 4. Quelle position occupe le tailleur en travaillant ? — 5. Quels sont les outils de la couturière ?*

Fig. 85. — LE LAVOIR.

1. On nettoie les lainages par un simple savonnage. — Tous les dimanches vous mettez une chemise bien propre et bien blanche. Celle que vous quittez, salie par les poussières, la sueur, etc., est *lessivée* en même temps que le linge blanc : draps, serviettes, etc., de votre famille; mais les lainages sont

Fig. 86. — Lessiveuse.

nettoyés en les frottant simplement dans un « savonnage » chaud. Si on les lessivait, ils se tasseraient et durciraient.

2. On lessive le linge. — Le linge à lessiver est d'abord *essangé*, c'est-à-dire plongé dans l'eau et frotté légèrement avec du savon. Il est déjà moins sale, mais les matières grasses ne disparaîtront que par le *coulage*, dans la lessiveuse (*fig.* 86).

La *lessiveuse* en tôle galvanisée a un double fond surmonté d'un tube terminé par une calotte percée de trous.

L'eau où l'on a fait dissoudre des *cristaux de soude* est versée sur le linge essangé, tassé dans la lessiveuse. On pose la lessiveuse sur un foyer. Quand l'eau bout, elle monte dans le tube et se déverse de la calotte sur le linge qu'elle traverse pour revenir dans le double fond, remonter dans le tube, et ainsi de suite pendant plusieurs heures. La soude s'unit aux matières grasses du linge pour former une sorte de savon que l'eau dissout.

Après refroidissement, chaque pièce de linge est savonnée et frottée énergiquement avec les mains ou avec une brosse, puis rincée à l'eau claire.

On n'emploie point de cristaux pour le *linge de couleur,* parce qu'ils enlèveraient le coloris. On les nettoie comme les lainages.

3. La lessive à la campagne. — Le linge essangé est tassé dans un grand cuvier, puis recouvert d'une grosse toile sur laquelle on place des *cendres de bois.* De l'eau, d'abord tiède, puis chaude, est versée sur les cendres; elle traverse le linge et tombe dans un baquet placé sous le cuvier. On la réchauffe alors et l'on recommence l'opération.

En traversant les cendres, l'eau chaude dissout leur potasse qui joue le rôle des cristaux de soude. Cependant ce procédé, où l'eau n'est pas maintenue bouillante dans le cuvier, est inférieur à celui de la lessiveuse.

4. Le linge lessivé est passé au bleu, puis repassé. — Après le lavage au lavoir (*fig.* 85), le linge blanc est plongé dans de l'eau *bleue,* afin de masquer la nuance jaunâtre donnée par la lessive, puis tordu et mis à sécher. Il est ensuite *repassé* et rangé dans l'armoire. Cependant les cols, les manchettes, les devants de chemises d'homme, etc., qui doivent avoir une certaine raideur, sont *empesés,* c'est-à-dire passés dans de l'eau amidonnée plusieurs heures avant le repassage.

RÉSUMÉ. — Le **linge blanc** est *lessivé,* mais les **lainages** sont *nettoyés* dans un simple savonnage; il en est de même du **linge de couleur.**

L'opération la plus importante de la lessive est le *coulage* dans de l'eau chargée de cristaux. Le linge coulé est ensuite lavé, *passé au bleu,* séché et enfin *repassé.*

A la campagne, on remplace les cristaux par les *cendres de bois* sur lesquelles on verse de l'eau chaude.

QUESTIONS D'INTELLIGENCE. — *1. A la campagne, les ménagères ne font la lessive que deux fois par an, au printemps et à l'automne. Quels inconvénients y voyez-vous? — 2. A la ville, où place-t-on le linge pour le faire sécher? Et à la campagne? — 3. Comment la blanchisseuse obtient-elle l'eau bleue? — 4. Le fer à repasser est-il utilisé chaud ou froid? Pourquoi?*

Fig. 87. — UN INTÉRIEUR DE PAPETERIE.

1. Le papier est une espèce de feutre végétal. — Vos livres,
vos cahiers sont en papier. Mais savez-vous bien ce que c'est
que le papier? Vous avez vu que les poils de laine, serrés et bat-
tus ensemble, entremêlent leurs frisures et forment du *feutre.*
Si vous déchirez une semelle de feutre, par exemple, vous voyez
se détacher sur les bords des bouts de poils disposés en tous
sens et sans aucun ordre. Il en est de même si vous déchirez
un morceau de papier buvard. C'est que le **papier** est composé,
à peu près de la même façon, de *duvet* de cotonnier, de *filaments* de lin ou de chanvre, ou de *fibres* de bois.

2. Papier de chiffon et papier de fibres. — Le lin, le chanvre, le coton servent d'abord à tisser des étoffes; pour le papier, on se contente d'étoffes hors d'usage, de **chiffons.**
Le chiffonnier les pique avec son crochet et les jette dans sa
hotte. Les chiffons de laine, après avoir été déchiquetés, feront
du feutre ou du drap de qualité inférieure. Ceux de lin ou de
chanvre seront transformés en *papier de chiffon;* le papier de
coton est le moins bon. Mais les chiffons eux-mêmes sont trop
chers pour le papier des journaux, des cahiers, ou des livres à
bon marché. Aussi fait-on du *papier de fibres* (ou papier de pâte
de bois) avec les **fibres** de l'alfa d'Algérie, de la paille, et surtout des bois blancs (peuplier, tremble, aune, etc.).

3. La pâte à papier; le papier. — Fibres de bois ou chiffons
doivent être transformés tout d'abord en **pâte à papier.** Pour

le papier de chiffon, les chiffons sont triés et assortis suivant leur finesse et leur couleur. Puis ils sont *découpés* en petits morceaux au moyen d'une sorte de hache-paille. On les *lave* pour les dégraisser; on les réduit en charpie dans des cuves pleines d'eau où des lames semblables à des rasoirs se croisent. On obtient à la fin une pâte que l'on blanchit par des produits chimiques.

La pâte, délayée et brassée continuellement par un agitateur mécanique, tombe en nappe et s'égoutte sur une *toile métallique sans fin* qui l'entraîne entre des cylindres garnis de feutre (*fig.* 87). Elle est emmenée alors sur un *feutre sans fin* entre d'autres cylindres qui achèvent de la presser. Devenue une large bande de papier, elle passe sur des tambours en fonte chauffés qui la sèchent; elle s'enroule finalement sur un *dévidoir.*

4. Les divers papiers. — Le papier brut boit l'encre. C'est le *papier buvard ;* on ne peut y imprimer qu'à l'encre grasse. — Le *papier à écrire* contient de la colle qui en bouche les *pores.* — Le *papier timbré* et les *billets* de la Banque de France sont faits à la main avec des chiffons de lin ou de chanvre. — Le *papier de verre* est un papier grossier recouvert d'une dissolution de colle forte et saupoudré ensuite de verre pulvérisé. — Le *papier d'emballage* et surtout le *carton* grossier contiennent de la paille.

RÉSUMÉ. — **Le papier** composé de *fibres* de coton, de lin, de chanvre, ou de bois, forme un *feutre végétal.*

Le papier de chiffon est fait avec des chiffons de coton, de lin ou de chanvre; c'est le meilleur.

Pour le **papier de fibres,** on emploie le bois.

Chiffons et bois sont réduits en une pâte liquide qui s'épaissit et sèche entre une série de cylindres garnis de feutres chauffés.

Le papier à écrire contient de la colle ; le *papier buvard* n'en contient pas.

EXPÉRIENCES ET QUESTIONS. — *1. Regardez à la loupe les bords déchirés d'un journal, d'un cahier, d'un papier buvard, d'un papier d'emballage, d'un morceau de carton. —2. Pourquoi le papier des livres n'a-t-il pas besoin d'être encollé ? — 3. Pour étudier la fabrication du papier, prenez du papier trempé dans l'eau, faites une pâte épaisse; étendez-la sur une table; pressez avec du papier buvard; placez la couche entre plusieurs feuilles de papier buvard; pressez, faites sécher.*

37° LEÇON. — *LES PLANTES.*

Fig. 88. — LES CÈDRES.

1. Les plantes sont des êtres vivants enracinés. — La terre est couverte d'innombrables plantes qui sont douées de vie comme les animaux. Mais elles ne peuvent se déplacer pour chercher leur nourriture ; elles doivent la tirer du sol où elles sont fixées.

Les plantes les plus connues ont toutes une *racine*, une *tige*, des *feuilles*, mais de formes très différentes.

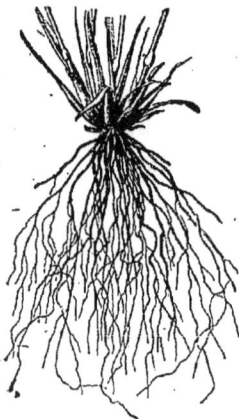

Fig. 89. — Racines du blé.

2. Les racines puisent dans le sol les liquides nourriciers. — Voyez cette herbe arrachée doucement dans la prairie. Elle porte au bas des filaments égaux, blancs ou gris, qui partent du même point et qui fixaient l'herbe au sol : c'est la **racine** (*fig.* 89).

Vers le bout des filaments, des grains de sable sont encore attachés ; c'est qu'il y a là des *poils absorbants* par où la plante puisait dans le sol les liquides nourriciers.

Dans d'autres plantes, il y a une racine principale qui s'enfonce comme un *pivot* dans le sol. C'est la racine du haricot, du chêne, etc. Elle est parfois gonflée de réserves alimentaires destinées à nourrir la plante quand elle fleurira (racine de la carotte, de la betterave, du navet, etc.).

3. La tige et les feuilles. — Au-dessus de la racine blanche, la **tige** verte. Les **feuilles**, longues et étroites, s'y attachent directement, en l'entourant d'une sorte d'étui. Il en est ainsi des tiges de presque toutes les *herbes*, qui ne vivent qu'un an ou deux.

Les feuilles des arbres et des arbustes, c'est-à-dire de presque toutes les *plantes vivaces*, sont attachées par une queue plus ou moins longue (*fig.* 90). La plupart

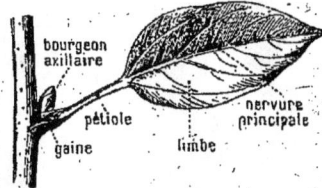

Fig. 90. — Parties de la feuille.

de ces feuilles sont plates et plus ou moins dentelées ou découpées. — Regardez bien l'envers de cette feuille de peuplier. Ces filets, qui sont comme les prolongements en tous sens de la queue et qui forment un réseau blanc sur la feuille verte, sont les *nervures*, c'est-à-dire les tubes où la sève circule.

Les feuilles des *arbres à résine* (pins, sapins, etc.) sont longues, étroites, aussi épaisses que larges : ce sont des *aiguilles*.

Les tiges portent chaque année, à la base de chaque feuille, un **bourgeon à feuilles**, qui, au printemps, donne une tige secondaire ou *branche* avec feuilles et bourgeons, bientôt divisée en branches secondaires ou *rameaux*. Ainsi l'arbre s'étend et forme le dôme du chêne, le pain de sucre du sapin ou la flèche du peuplier.

En même temps, la tige grossit, car chaque année, sous l'écorce vieillie, la sève forme une nouvelle couche d'écorce qui recouvre une nouvelle couche de bois tendre (*aubier*).

RÉSUMÉ. — Les **plantes** sont des êtres vivants enracinés. Les **racines** puisent dans le sol, par leurs *poils absorbants*, les liquides nourriciers.

Les **feuilles** des *herbes* s'attachent en général directement à la tige ; celles des *arbres* sont portées par une queue.

La sève circule dans les *nervures* des feuilles.

EXPÉRIENCES ET QUESTIONS. — *1. Examinez une racine de poireau, de navet. — 2. Quand on arrache l'écorce d'une jeune branche fraîchement coupée, quel est le liquide gluant que l'on trouve ? — 3. Examinez le sens des nervures dans un brin d'herbe. — 4. Coupez une rondelle de 1 centimètre d'épaisseur dans un sarment de vigne; posez-en une face dans l'encre et voyez l'encre monter dans les vaisseaux de la tige. — 5. Apprenez à reconnaître les arbres à la forme de leurs feuilles.*

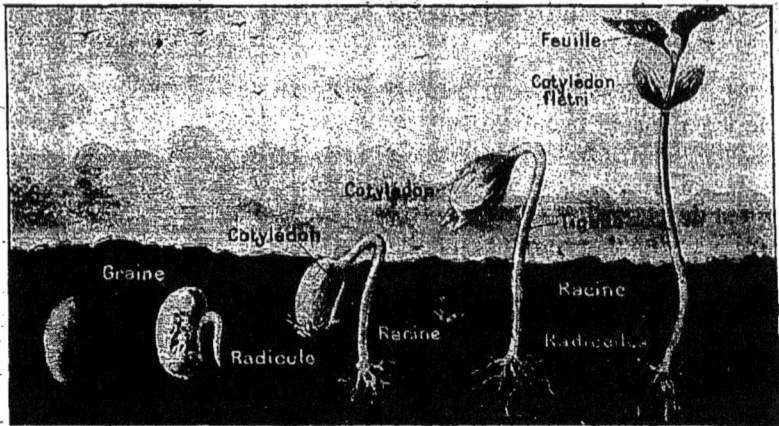

Fig. 91. — LES DIFFÉRENTES PHASES DE LA GERMINATION DU HARICOT.

1. Le bourgeon à fleurs et la fleur. — Voyez sur le poirier du jardin certains bourgeons gros et arrondis. De chacun d'eux vous verrez sortir bientôt des fleurs blanches (*fig.* 92).

En voici une en avance sur les autres. La queue se termine par cinq languettes vertes, les *sépales*, qui forment le **calice**. — Au-dessus, c'est ce que vous appelez la fleur, c'est-à-dire la **corolle**, composée de cinq petites feuilles blanches, les *pétales*. — Les petits filets que vous voyez à l'intérieur, ce sont les **étamines**; ils sont terminés par un petit sac qui contient une poussière jaune, le *pollen*. — J'enlève sépales, pétales et étamines; il reste un corps arrondi, l'**ovaire**, surmonté de petites baguettes creuses, les *styles*. — Je coupe l'ovaire par le milieu; j'aperçois à l'intérieur de petits **grains** ovales.

2. L'ovaire se change en fruit. — Vous savez, mes enfants, que le lis, respiré de trop près, vous barbouille le nez d'une poussière jaune. C'est que, dans une fleur épanouie, les sacs des étamines s'entr'ouvrent, et le *pollen* s'en échappe. Transporté alors par le vent, ou par les insectes qui visitent les fleurs, ou tombant de lui-même sur le haut d'un *style*, il y est retenu par un liquide visqueux. Il germe, s'allonge, et va toucher les grains de l'*ovaire*. Alors le calice et la corolle se flétrissent, l'ovaire se change en *fruit* (V. *4ᵉ leçon*), et ses grains deviennent des **graines** capables de donner de nouvelles plantes.

3. La graine contient une plantule. — EXPÉRIENCE. Faisons tremper dans l'eau cette graine, un haricot. On peut enlever

Pommier

Poirier

Néflier

Pêcher

Vigne

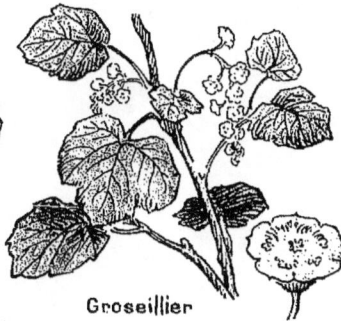

Groseillier

Pl. III.   SCIENCES PHYS. (COURS PRÉPARAT.).

facilement une enveloppe dure qui protégeait la graine. La masse charnue qui reste se sépare en deux parties (*cotylédons*). Nous apercevons alors une petite plante ou **plantule**, où l'on distingue une petite racine, une courte tige et des feuilles.

4. La plantule devient une plante. — Expérience. Voici d'autres haricots sur de l'ouate humide. La graine s'est ramollie, s'est gonflée d'eau; l'enveloppe s'est fendue; la plantule s'est développée en se nourrissant aux dépens des cotylédons. — Dans la terre humide elle ferait de même (*fig.* 91). La petite racine s'enfoncerait dans le sol; la petite tige en sortirait avec les cotylédons bientôt vidés, et les feuilles se développeraient. Puisant alors dans la terre et dans l'air tout ce qui lui est nécessaire, bientôt le petit haricot deviendrait grand et porterait des fleurs.

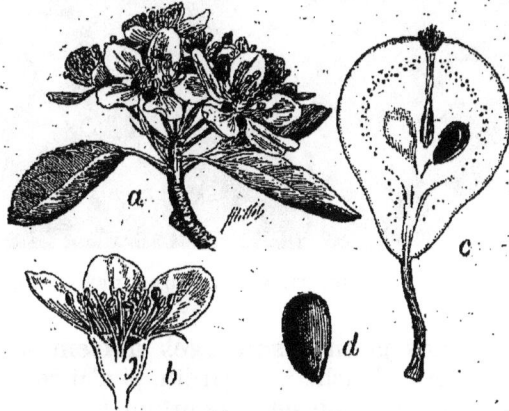

Fig. 92. — Poirier.

a, branche fleurie; *b*, coupe de la fleur; *c*, coupe du fruit; *d*, graine ou pépin.

RÉSUMÉ. — La plupart des plantes ont certains gros *bourgeons* d'où sortent des fleurs.

Une **fleur** complète a un calice, une corolle, des étamines et un ovaire à un ou plusieurs styles.

Les **étamines** laissent tomber le *pollen* sur le **style**; il rejoint les grains de l'ovaire qu'il change en graines.

La **graine** se compose d'une ou deux masses charnues et d'une **plantule**; quand on sème la graine, la plantule se développe et devient *plante*.

Expériences et questions. — *1. Les bourgeons du prunier sont-ils tous semblables et donnent-ils tous des fleurs? — 2. Comptez les étamines d'une fleur de pomme de terre. — 3. Enlevez l'écorce d'un grain de blé qui trempe dans l'eau depuis 3 jours, et dites s'il y a un ou deux cotylédons. — 4. Mettez sur une assiette un peu d'ouate humide et posez-y des graines de haricot, de blé, etc. Observez la germination.*

Fig. 93. — LA CUEILLETTE DES FLEURS.

1. Les plantes sauvages nuisent aux cultures. — Dans chaque « planche » du jardin, je n'ai semé qu'une seule sorte de graine bien choisie et pourtant vous avez vu d'autres espèces d'herbes qui poussent çà et là. Ces herbes épuisent la terre et arrêtent la lumière et la circulation de l'air. Ce sont des **plantes sauvages,** qui proviennent de graines apportées, parfois de très loin, par le vent, les insectes, etc.

2. Les principales plantes nuisibles. — Quelques plantes sauvages sont particulièrement nuisibles. Vous voyez, près du sentier, cette herbe aux feuilles très allongées, aux racines blanches très longues, c'est du *chiendent* (*fig.* 94). Il envahit les champs argileux et frais et étouffe les plantes cultivées. On ne le détruit que difficilement par des labours et des hersages répétés et en brûlant ses racines mises en tas.

La *nielle* des blés, dont les petites graines noires et ridées, écrasées en même temps que les grains de blé, donnent un goût amer au pain ; le *coquelicot*, le *bleuet* (*fig.* 95) et surtout le *chardon* sont redoutés dans les champs de blé ; l'*arrête-bœuf*, aux feuilles piquantes, dans les herbages. On les coupe pour la plupart en mai, avant leur floraison, à l'aide du sarcloir.

3. Certaines plantes sont dangereuses. — Dans vos promenades, vous aimez à cueillir les fleurs des champs pour en faire de jolis bouquets (*fig.* 93) ; mais vous devez bien vous garder de les

sucer, car quelques plantes contiennent du poison ; apprenez à
connaître les plus *vénéneuses*, c'est-à-dire les plus dangereuses.

La *jusquiame* a des fleurs jaune foncé en forme de clochette, et
croît sur le bord des chemins et dans les lieux incultes ; la *digitale*
laisse pendre des fleurs rouges, en forme de doigt de gant ; la *belladone* (fig. 96) a des fleurs rouge foncé, de la forme des fleurs de jusquiame ; ses fruits, qui ressemblent à une petite cerise noire, causent

Fig. 94. — Chiendent.　　　Fig. 95. — Bleuet.　　　Fig. 96. — Belladone.
a, épillet.　　　　　　*a*, fleur ; *b*, graine.　　*a*, coupe du fruit ; *b*, graine.

souvent des empoisonnements ; la *renoncule* ouvre en forme de coupe
de belles fleurs jaunes qui lui ont valu le nom de « bouton d'or ».
Enfin un grand nombre de *champignons* sont vénéneux.

Dans le jardin, vous ne devez pas confondre le persil et le cerfeuil
avec la dangereuse *ciguë* qui a des taches vineuses au bas de sa tige
et dont les feuilles écrasées exhalent une mauvaise odeur.

RÉSUMÉ. — Les plantes sauvages nuisent aux plantes
cultivées. Les principales sont le *chiendent*, la *nielle des
blés*, le *coquelicot*, le *bluet* et le *chardon*.

Les plantes *vénéneuses* contiennent du poison. La *belladone*, la *ciguë*, et surtout certains *champignons*, causent
souvent des empoisonnements.

EXPÉRIENCES ET QUESTIONS. — *1. Si vous en avez l'occasion, remarquez les racines du chiendent. — 2. Pourquoi détruit-on les mauvaises
herbes avant leur floraison ? — 3. Dans un champ de betteraves, les
détruit-on de la même manière que dans un champ de blé ? — 4. Si
vous trouvez un chardon défleuri, remarquez que chaque graine est surmontée d'une aigrette qui lui permet d'être emportée au loin par le vent.*

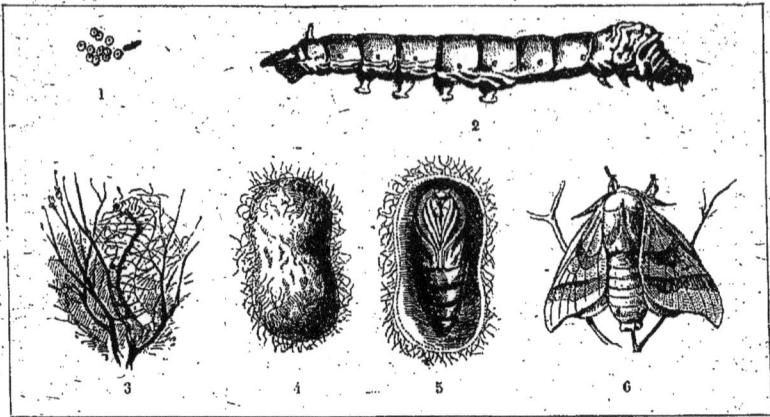

Fig. 97. — LES MÉTAMORPHOSES DU VER À SOIE.
1, œufs et larve; 2, ver à soie adulte; 3, ver à soie commençant son cocon;
4, cocon; 5, cocon ouvert laissant voir la nymphe; 6, papillon.

1. Les insectes forment les deux tiers du monde animal. —
Il y a un grand nombre d'animaux qui n'ont pas de squelette. Leur
corps est nettement divisé en trois parties : *tête, corselet* (ou thorax);
ventre (ou abdomen). Ils ont six pattes, à nombreuses pièces mobiles,
et, presque tous, deux paires d'ailes. Ce sont des **insectes.**
Tous sortent d'un œuf, ordinairement après la mort de leurs parents,
sous la forme de chenilles (de *larves*), qui grandissent en changeant
plusieurs fois de peau, avant d'être des *insectes parfaits.*

2. La plupart des insectes utiles sont carnassiers. — Les
insectes utiles se nourrissent d'insectes et de vers nuisibles à
l'agriculture, mais ils sont trop peu nombreux.
Le *ver luisant*, dont la femelle luit à volonté dans l'obscurité,
détruit les limaces et les escargots; la *bête à bon Dieu* dévore
les larves des pucerons; la gracieuse *demoiselle* poursuit, au-
dessus des eaux, mouches et papillons; le beau *carabe doré*, qui
court si agilement sur le sol, se nourrit de vers et de chenilles.

3. La plupart des insectes nuisibles sont herbivores. — Le
plus nuisible de tous est le **hanneton.** Au printemps, vous le
voyez s'envoler lourdement de la terre labourée. Pendant un
mois il broie les feuilles et les bourgeons des arbres. Il pond
alors dans la terre des œufs d'où il sort bientôt des chenilles
velues appelées *vers blancs.* Pendant trois ans, ces larves, se
terrant profondément en automne, remontant au printemps,

dévorent les racines des céréales, de l'herbe, etc. Enfin, elles se
transforment en insectes parfaits; *hanneton... vole!*

Les **papillons** se contentent de sucer avec leur trompe les
sucs des fleurs. Mais leurs *chenilles* voraces sont le fléau des végétaux. Il y a en effet les chenilles du pommier, du chou, du navet,
de la vigne, de la pomme de terre, des moissons, etc.

La **mouche**, le plus dangereux des insectes, qui suce tout ce qu'elle
peut, transporte les germes des maladies contagieuses; surtout la
mouche à viande, dont la larve s'appelle l'*asticot*.

Les **fourmis** forment des républiques où, sans aucun chef, chacune travaille pour les intérêts de toutes. A côté des *mâles* et des
femelles ailées, il y a de nombreuses *ouvrières* sans ailes. Les fourmis
vivent de matières sucrées; elles vont les traire sur les pucerons
du rosier, mais les dérobent aussi aux fleurs et aux fruits.

4. Le ver à soie est la chenille d'un papillon nocturne. —
Le **ver à soie** (*fig.* 97) dévastant les mûriers serait un animal
nuisible, comme tous les papillons, mais la *soie* qu'il donne
compense largement les dégâts qu'il commet; aussi l'élève-t-on
en grand dans la vallée du Rhône.

Les œufs, pondus en été, n'éclosent que l'année suivante. Il en sort
une chenille de 2 ou 3 millimètres qui atteint au bout d'un mois 8 à
9 centimètres. Elle se tisse alors avec sa salive une enveloppe de soie,
appelée *cocon*. Elle y perd sa peau et se transforme. Au bout de
20 jours, c'est un papillon qui perce le cocon, pond des œufs et meurt
le lendemain. En pratique, on étouffe le papillon dans l'eau bouillante
avant sa sortie pour que le fil de soie non coupé soit mieux dévidé.
— Pour les **abeilles**, voir la *41ᵉ leçon*.

RÉSUMÉ. — Les **insectes** ont six pattes. Tous sont *larves*
(ou chenilles) avant d'être *insectes parfaits*.

Les **insectes utiles** sont carnassiers. Toutefois, le ver
à soie et l'abeille, quoique herbivores, sont utiles par la *soie*
et le *miel* qu'ils donnent.

Les **insectes nuisibles** sont herbivores. Le *hanneton*,
par exemple, dévore les feuilles, les bourgeons et les racines.

Les *chenilles* des papillons attaquent les feuilles et les
fruits. La *mouche* transporte les maladies.

EXPÉRIENCES ET QUESTIONS. — *1. Y a-t-il de petits et de grands
hannetons? et des papillons? — 2. D'où viennent les vers qui sont dans
certains fruits? — 3. Un véritable ver, le ver de terre, par exemple,
change-t-il comme le ver à soie? — 4. Regardez battre tout le long
du dos le cœur dorsal d'un ver à soie; voyez à l'avant ses trois paires
de vraies pattes.*

Fig. 98. — Le Rucher.

1. La ruche est la demeure des abeilles. — Regardez l'**abeille**, ou *mouche à miel*, qui a la tête cachée dans la fleur. Elle en pompe le liquide sucré ou *nectar*, en recueille le *pollen* (V. *38e leçon*) et retourne à la **ruche**.

Les *ruches communes*, en paille tressée, en forme de cloche, sont abritées de la pluie et du soleil par une robe de paille (*fig. 98*).

Les *ruches perfectionnées*, véritables petites maisons en planches, ont un toit mobile et sont garnies intérieurement de cadres également mobiles, où les abeilles construisent leurs rayons.

2. Dans une ruche, il y a plusieurs sortes d'abeilles. — Regardez ce *rayon* de miel formé de petites chambres ou cellules à six faces placées dos à dos. Ce sont les **ouvrières** qui l'ont construit avec une matière jaune, la *cire*, qui suinte entre les anneaux de leur abdomen. Dans les cellules, elles ont dégorgé le nectar transformé en *miel*, ou déposé le *pollen* qu'elles avaient fixé en boulettes à leur troisième paire de pattes. Les ouvrières sont les plus petites des abeilles et possèdent un aiguillon venimeux. Elles sont au nombre de plusieurs milliers.

La ruche contient aussi quelques centaines de mâles ou **faux bourdons** qui ne travaillent pas; enfin une seule **reine**, au corps allongé, pond, au printemps, un œuf dans chaque cellule libre. Les faux bourdons sont alors mis à mort par les ouvrières.

3. D'une ruche trop peuplée sort un essaim. — Une sorte de petite chenille, sortie de chaque œuf, se transforme en trois semaines en abeille. Souvent, en mai-juin, une partie des abeilles quitte la ruche trop peuplée et va se fixer à une branche d'arbre; c'est un **essaim.** On le recueille en le faisant tomber dans
une ruche vide enduite de miel.

**4. La récolte du miel se
fait de mai à septembre.** —
En hiver les abeilles restent
dans la ruche et vivent sur leurs
provisions de miel. On ne prend
leurs rayons (*fig.* 99) qu'à l'é-
poque où elles trouvent de nouveau leur nourriture au dehors.
On les dépose au soleil sur un
tamis et le *miel* coule dans le
vase placé au-dessous. Quant
à la *cire*, on la fait fondre avec
un peu d'eau sur un feu doux.

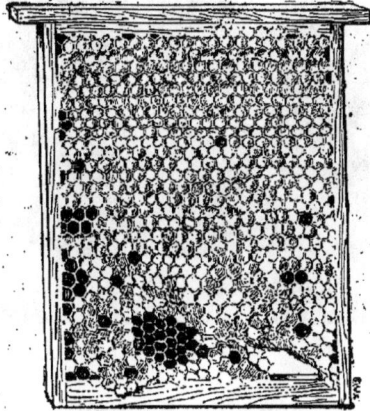

Fig. 99. — Rayon de miel
dans un cadre mobile.

Vous mangez le *miel* en tartines; on l'emploie aussi dans la confection des confitures et des sirops. Le pain d'épice se fait avec du miel, de la farine de seigle et des épices.

Avec la *cire* on fait des cierges, des bougies de luxe, de l'encaustique pour faire briller meubles et parquets.

RÉSUMÉ. — La **ruche,** la demeure des abeilles, abrite des *ouvrières*, des mâles ou *faux bourdons* et une *reine*.

Les ouvrières possèdent un aiguillon venimeux, construisent les rayons avec de la **cire** et y déposent une provision de **miel** pour l'hiver.

De la ruche trop peuplée sort un **essaim.**

On récolte le *miel* et la *cire* pendant les beaux jours, alors que les abeilles peuvent encore les remplacer.

EXPÉRIENCES ET QUESTIONS. — *1. Examinez une abeille sur une fleur
et dites si elle pompe le nectar ou si elle recueille du pollen. — 2. Quel
inconvénient peut-il y avoir à placer la ruche en plein soleil, près d'un
mur? — 3. Qu'arriverait-il si on enlevait le miel des abeilles à l'automne? — 4. Lorsqu'on ne connaissait pas encore le sucre, le miel
était-il plus précieux que maintenant?*

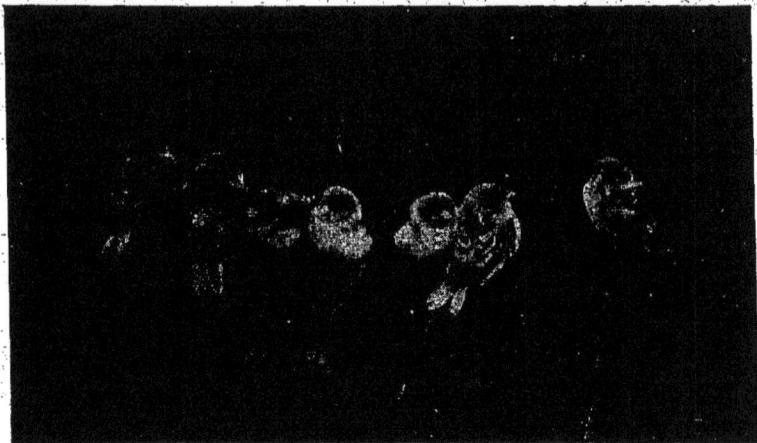

Fig. 100. — Nos alliés les oiseaux (Moineaux).

1. Nos alliés mammifères. — Vous avez remarqué, dans le jardin, de petits monticules de terre fraîchement remuée. Il y a par là une **taupe** qui, pour dévorer des insectes, trace des chemins souterrains avec son museau et les larges doigts de ses membres d'avant, et remonte la terre à la surface. Au jardin, il est vrai, elle trouble les semis naissants. Mais, dans les champs,

Fig. 101. — Musaraigne et hérisson.

les dégâts qu'elle cause sont largement payés par la chasse incessante qu'elle fait aux *vers blancs*.

La **musaraigne** (*fig.* 101), qui a à peu près la taille de la souris et le museau de la taupe, se nourrit d'insectes et de vers dans les bois

Si vous rencontrez sous la mousse, dans une haie, une grosse boule, armée de forts piquants, c'est un **hérisson** qui sommeille (*fig.* 101); ne lui faites aucun mal. Car, la nuit venue, il fait une guerre acharnée aux souris, aux limaces et même aux vipères.

Enfin, la **chauve-souris** a pour ailes des membranes qui relient ses quatre membres. C'est une véritable *hirondelle de nuit* qui fait un grand massacre des insectes crépusculaires.

2. Nos alliés à plumes. — La plupart des **oiseaux** sont nos alliés. C'est le *rouge-gorge*, qui dévore la teigne du blé ; l'*hirondelle*, noire et blanche, ce corsaire de l'air, dont les zigzags rapides sont mortels aux insectes qu'elle happe au vol ; la gracieuse *alouette*, qui fait la chasse aux chenilles, aux sauterelles et aux larves de fourmis ; la *fauvette*, qui nous débarrasse des pucerons et de la bruche du pois ; le *pinson*, l'ennemi mortel du hanneton et de la courtilière ; la *bergeronnette*, cette compagne du berger, qui dévore le charançon du blé et débarrasse les bœufs de leurs parasites ; le *rossignol*, qui se nourrit de larves d'insectes grasses et dodues ; le *moineau* (*fig.* 100), qui dévore plus d'insectes qu'il ne pille de grains. Mes enfants, respectons les nids !

3. Les veilleurs de nuit. — On vous a dit, mes enfants, que le hou ! hou ! lugubre de la **chouette**, de l'effraie ou du **hibou** portait malheur. N'en croyez rien ; ces oiseaux au bec crochu, aux puissants ongles recourbés, fouillent l'air, pendant la nuit, de leurs grands yeux ronds entourés d'un cercle de plumes. Ils détruisent mulots, rats, souris et papillons nocturnes.

Enfin, le **crapaud**, cet autre veilleur de nuit, débarrasse nos jardins des vers et des limaces.

RÉSUMÉ. — **La taupe** détruit les vers blancs.

Le hérisson dévore les souris et les vipères.

La chauve-souris est aussi un mammifère, mais elle vole sur la membrane qui réunit ses quatre membres ; elle happe des insectes au vol.

Les oiseaux sont presque tous nos alliés : le rouge-gorge, l'hirondelle, le pinson, l'alouette, la fauvette, etc. ; les *oiseaux de nuit :* chouette, hibou, etc., sont les plus utiles.

Le crapaud, autre veilleur de nuit, est très utile.

EXPÉRIENCES ET QUESTIONS. — *1. Examinez le museau, les dents, les pattes d'une taupe fraîchement tuée. — 2. Observez les pattes et le bec d'une fauvette, d'un moineau et d'une chouette. — 3. Pourquoi le corbeau, la pie, le geai, l'émouchet, la buse, ne comptent-ils pas parmi les oiseaux utiles ? — 4. Pourquoi le moineau est-il déclaré utile dans certains départements et nuisible dans d'autres ?*

Fig. 102. — ATELIER DE CHARRONNAGE.

1. Pistes, sentiers et chemins ruraux. — Sur le sable sans limites du désert, les caravanes suivent les traces des voyageurs qui les ont précédées. Ce sont des *pistes*, qui joignent les puits et les oasis. Celui qui s'en écarte est perdu. Dans nos contrées, les paysans se sont frayés, il y a longtemps, pour se rendre d'un champ à un autre, d'étroits *sentiers*, dont le sol foulé s'est durci. Pour leurs voitures, ils ont frayé des passages plus larges, des *chemins*. On comble de temps en temps, avec des cailloux, les ornières creusées par les roues. Ce sont des **chemins ruraux**; ils sont à la commune.

2. Chemins et routes. — Les *chemins ruraux* les plus importants sont appelés **chemins vicinaux**, c'est-à-dire communaux, et sont tenus en bon état par la commune. Les *chemins vicinaux d'intérêt commun*, qui intéressent plusieurs communes, sont entretenus par elles à frais communs (1).

On donne le nom de **routes** aux larges chemins qui relient les villes entre elles. Elles sont entretenues aux frais de l'État (*routes nationales* : 14 mètres de largeur) ou aux frais du département (*routes départementales* : 10 mètres de largeur).

3. La route est belle... — Les voitures roulent doucement sur la chaussée empierrée où le *rouleau à vapeur* a tassé des

---

1. Les *chemins vicinaux de grande communication* (8 m. de largeur) sont établis et entretenus aux frais des communes par l'autorité départementale.

morceaux de pierres mélangées à l'eau et au sable. La *chaussée*, bombée au milieu, est bordée à droite et à gauche par les *accotements* ordinairement plantés d'arbres. Enfin des *fossés* longent la route et recueillent l'eau des pluies.

Les *bornes kilométriques*, en fonte ou en pierre très dure, sont placées sur la partie extérieure de l'accotement. Le voyageur peut ainsi se rendre compte des distances qu'il parcourt.

4. Les voitures. — Examinez les *voitures* qui passent sur la route. Il y en a de toutes les formes et pour tous les usages. Les unes, très légères et souvent élégantes, servent au transport des personnes ; les autres, plus rustiques et plus grossières, servent au transport des produits agricoles et des marchandises.

5. Le charron fabrique les voitures ordinaires (*fig.* 102). — Le charron utilise en général le chêne, le frêne, pour faire les timons, les brancards et les flèches, et l'acacia pour les rais ; mais il emploie l'orme, bois dur, élastique et qui se fend difficilement, pour fabriquer les jantes et les moyeux. Il débite son bois à la scie, à la hache, avec des coins en bois ou en fer.

Il travaille avec des outils semblables à ceux du menuisier : établi, valet, maillet en bois, rabots et varlopes, ciseaux, etc. Il emploie aussi des outils à percer et à planer.

Son travail le plus délicat est celui de la roue. Il fabrique successivement le moyeu, les rais et les jantes ; il les assemble et les maintient fortement à l'aide d'un bandage ou cercle en fer qui, posé à chaud, se refroidit et se contracte sur la roue.

RÉSUMÉ. — Pour favoriser la circulation, les hommes créent des *sentiers*, des *chemins* et des *routes*.

On distingue les **chemins** ruraux, les chemins vicinaux, les chemins vicinaux de grande communication ; les **routes** départementales et les routes nationales.

La partie principale d'une route est la *chaussée empierrée*.

C'est le *charron* qui fabrique les voitures ordinaires.

EXPÉRIENCES ET QUESTIONS. — *1. Cherchez à savoir à quelle catégorie appartiennent les trois plus larges chemins de votre commune. — 2. Pourquoi la chaussée de la route est-elle bombée ? — 3. Quel est l'ouvrier chargé d'entretenir la route ? — 4. Le conducteur d'une voiture prend-il à droite ou à gauche lorsqu'il croise une autre voiture ? Lorsqu'il en dépasse une autre ? — 5. Dans les villes, quels noms portent les chemins et leurs accotements ?*

Fig. 103. — PAYSAGE D'ÉTÉ.

L'été commence le 22 juin et finit le 23 septembre. Dans le calendrier républicain, il comprenait les mois de *Messidor* (mois
des moissons), *Thermidor* (chaleurs) et *Fructidor* (fruits).

Dictons d'été. — *Pluie de juin fait belle avoine et mauvais
foin. — Juillet sans orage, famine au village. — Août mûrit les
fruits, septembre les cueille. — L'été recueille, l'hiver mange.*

Ce qu'il faut voir. — En *juin,* le tilleul, la mauve, le lis fleurissent; les cerises, les groseilles mûrissent. — Les insectes
achèvent d'éclore, les vers luisants mâles prennent leurs ailes.

En *juillet,* la bruyère fleurit; l'orge, puis le seigle et le blé
mûrissent; la vie animale est dans sa plus grande activité.

En *août,* le grand soleil fleurit, les noisettes sont presque
mûres. C'est l'époque de la floraison en haute montagne. — Le
martinet nous quitte, la cigogne passe au sud.

Hygiène de l'été. — Pendant les chaleurs, les vêtements doivent être
légers, mais, si possible, en laine ou en flanelle blanches, pour éviter les
refroidissements.

Il ne faut pas abuser des boissons et des fruits et ne pas boire glacé.
Se méfier des morsures de serpents qui abondent en certaines régions,
principalement dans les endroits rocailleux et sauvages.

LES COLLECTIONS D'ÉTÉ

Le jeune naturaliste. — Quand le papillon a été capturé dans le
filet, le jeune naturaliste soulève le fond de la poche pour que

l'insecte y monte, puis le saisit adroitement, ailes repliées, presse entre le pouce et l'index les côtes du *corselet*, pour briser les ailes, et le glisse dans une *papillotte* (*fig.* 104).

Rentré à la maison, il tue le papillon en l'enfermant dans une boîte garnie d'une éponge imbibée de benzine. Puis, sur un *étaloir*, une plaquette de liège bien unie, il creuse une rainure d'un centimètre de profondeur, y pose le corps de l'insecte (1), rabat avec précaution les ailes de gauche, puis celles de droite, en les maintenant par des bandes de papier épinglées.

Quand le papillon est sec, il le fixe avec de fines épingles de *laiton étamé* dans une boîte à fond liégé et à couvercle vitré. Il

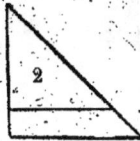

Fig. 104. — Papillotte
pour la conservation des insectes.
1, papier préparé ; 2, papillotte exécutée.

Fig. 105. — Petits insectes
collés sur des paillettes de carton.

en est de même des autres insectes. Ceux qui n'atteignent pas 2 centimètres de longueur sont collés sur une paillette (*fig.* 105), morceau de carte de visite que l'on pique dans la boîte.

Il est bon d'y mettre une boule de naphtaline. L'essentiel est de conserver les insectes morts à l'abri de la poussière et de l'humidité. De simples rondelles de bouchon fixées sur un carton renfermé dans une boîte peuvent suffire pour cela.

Plantes à recueillir. — En *juin,* cueillez des papilionacées, des crucifères, des graminées (V. *45e leçon*) et des rameaux fleuris de tilleul, d'églantier, ainsi que des fougères et des mousses.

En *juillet-août,* recueillez des labiées, des composées et les espèces suivantes : chardons, chanvre, houblon, trèfle, luzerne.

La chasse aux insectes. — Visitez les fleurs des labiées, des composées et des papilionacées ; soulevez l'écorce des pins ; battez au filet-fauchoir les graminées des coteaux arides et les herbes des clairières : vous trouverez toutes sortes d'insectes et en grand nombre.

En *juillet-août,* capturez les papillons ; visitez les talus sablonneux, les feuillets des champignons.

---

(1) S'il est déjà raide, il le met 24 heures au *ramollissoir,* simple cloche à fromage recouvrant un flotteur de liège sur de l'eau.

44ᵉ LEÇON. — *LA LUMIÈRE. LES COULEURS.*

Fig. 106. — OMBRE ET LUMIÈRE (cloître d'Arles).

1. Corps éclairants et corps éclairés. — Le soleil, la lampe, sont des corps éclairants, des *corps lumineux.* Les corps lumineux envoient des rayons dans toutes les directions. Parmi les *corps éclairés,* les uns, comme le verre, l'air, l'eau, se laissent si bien traverser que les objets placés derrière eux sont nettement éclairés ; ce sont des *corps transparents.* — Mais la plupart arrêtent la lumière : ce sont les *corps opaques.*

Certains corps opaques *absorbent* la lumière : ils sont noirs. D'autres, surtout ceux qui sont polis, renvoient, *réfléchissent* les rayons lumineux, comme un mur renvoie une balle élastique. Les rayons réfléchis arrivent à notre œil et nous font voir l'objet.

2. La lumière et l'ombre. — En plein soleil, un corps opaque, une boule de jeu de quilles, par exemple, a une partie fortement éclairée, et, du côté opposé, une partie fort sombre : on dit que cette partie est dans l'**ombre** (*fig.* 106). De plus, sur le sol éclairé, il y a une ombre dont la forme est la même que celle de la boule. Donc les corps opaques éclairés font une ombre derrière eux.

3. La lumière blanche se compose de toutes les couleurs. — Je tiens renversé un bouchon de carafe en verre taillé ; je le

LUMIÈRE ET COULEURS

Lumière décomposée

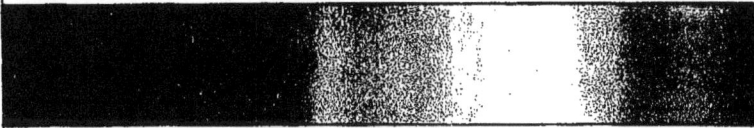

Les couleurs de· l'arc-en-ciel

Violette

Sauge

Bleuet

Feuille (chêne)

Bouton d'or

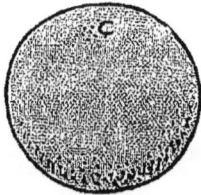

Orange

Coquelicot

Les couleurs dans la nature

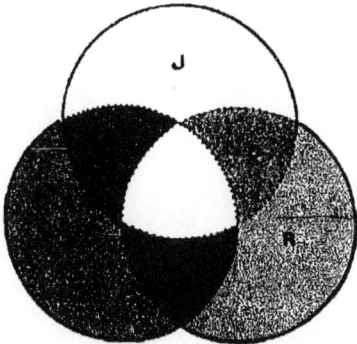

Couleurs simples et composées

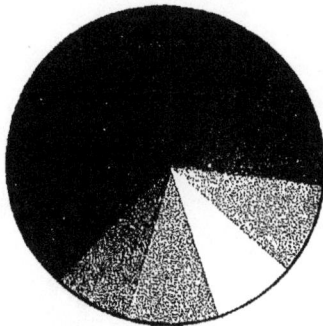

Disque des couleurs

Pl. IV.

SCIENCES PHYS. (COURS PRÉPARAT.).

place en plein soleil, au-dessus d'une feuille de papier blanc. La **lumière blanche** frappe le bouchon, mais des rayons de **diverses couleurs** s'écartent à la sortie et se suivent plus ou moins nettement sur le papier : rouge, orangé, jaune, vert, bleu, indigo, violet (pl. IV).

Cette suite de couleurs se reproduit dans l'**arc-en-ciel**, quand il pleut au loin et que la lumière du soleil se décompose dans les gouttes de pluie comme dans notre bouchon de carafe.

EXPÉRIENCE. — La meilleure preuve que la lumière blanche se compose de toutes ces couleurs, c'est que si je peins les sept couleurs, dans l'ordre indiqué, sur un disque de carton, et si je le fais tourner rapidement, le disque paraît blanc. En effet, l'œil conserve 1/10 de seconde l'impression d'une couleur ; lorsque les sept couleurs, en tournant, passent au même endroit en moins de 1/10 de seconde, l'œil a donc à la fois la sensation des sept couleurs réunies. Or, cette sensation est celle du *blanc* (pl. IV).

4. Les couleurs dans la nature. — Les objets éclairés par le soleil ne sont pas tous blancs, parce que presque tous les corps décomposent la lumière et nous renvoient les rayons colorés qu'ils n'absorbent pas. Ceux qui les absorbent tous sont **noirs**, comme la mûre ; ceux qui les renvoient tous sont **blancs**, comme le lis, etc.

La lumière des lampes n'est pas composée des mêmes couleurs que celle du soleil ; aussi certains objets changent de couleur le soir.

5. Couleurs simples et couleurs composées. — Il n'y a que trois couleurs **simples** : le *rouge*, le *jaune*, le *bleu*. C'est leur mélange qui forme les couleurs **composées** : rouge et jaune se fondent en *orangé*, jaune et bleu en *vert*, bleu et rouge en *violet*. Si l'on mélange les trois couleurs simples, on reconstitue un *blanc* plus ou moins net (pl. IV).

RÉSUMÉ. — Les **corps lumineux** envoient des rayons en tous sens. Les *corps transparents* les laissent passer ; les *corps opaques* les absorbent ou les réfléchissent. Un corps éclairé forme une **ombre** sur les corps placés derrière lui.

La *lumière blanche* du soleil est composée de toutes les *couleurs* : rouge, orangé, jaune, vert, bleu, indigo, violet. Le rouge, le jaune, le bleu sont les **couleurs simples**.

EXPÉRIENCES ET QUESTIONS. — *1. On place une lame de canif dans un rayon de soleil ; pourquoi cela fait-il de la lumière au plafond ? — 2. Soufflez avec une paille des bulles de savon, et examinez les reflets colorés. — 3. Faites dans un godet les mélanges indiqués au § 5. — 4. Peignez sur une rondelle de carton blanc une suite de triangles rouges, jaunes, bleus. Enfoncez le manche d'un porte-plume au centre de la rondelle et tournez vivement entre vos mains. Que voyez-vous ?*

Fig. 107. — Corbeille de fleurs dans un jardin public.

1. Les plantes se groupent en familles. — Les plantes qui couvrent la terre sont variées de taille et d'aspect, mais beaucoup de fleurs ont la même forme. La fleur du fraisier ressemble

Fig. 108. — Églantier. Fig. 109. — Luzerne. Fig. 110. — Giroflée.

à celle de la ronce, la fleur du pois à celle du haricot, etc. Les plantes qui ont des fleurs semblables forment une **famille**.

2. Types de fleurs et familles de plantes. — Les fleurs du fraisier, de la ronce, de l'églantier (*fig.* 108), etc., ont la forme de *rosaces* à cinq lames distinctes. Ces plantes forment la famille des **rosacées**.

Les fleurs du pois, du haricot, de la luzerne (*fig.* 109), du genêt à balais, de l'ajonc, etc., peuvent être comparées à des *papillons;* ces plantes forment la famille des **légumineuses** (ou *papilionacées*).

Les fleurs de la giroflée (*fig.* 110), du chou, du radis, etc., représentent une *croix;* ces plantes forment la famille des **crucifères**.

La pâquerette (*fig.* 111), le pissenlit (*fig.* 112), le bleuet, la chicorée, le scorsonère, etc., ont de *nombreuses fleurs* qui, groupées, composent

Fig. 111. — Pâquerette.   Fig. 112. — Pissenlit.   Fig. 113. — Ivraie.
a, Épillet.

ce que l'on appelle, à tort, une fleur; ces plantes constituent, pour cette raison, la famille des **composées**.

Les fleurs du blé, de l'orge, de l'ivraie (*fig.* 113), etc., ternes et sans beauté, sont réunies en *épi* au sommet de la tige. Les fleurs de l'avoine, aussi peu brillantes que celles du blé, sont disposées en *grappes*. Les herbes des prairies portent aussi des épis ou des grappes. — Toutes ces plantes appartiennent à la famille des **graminées**.

RÉSUMÉ. — Les plantes sont nombreuses et variées. On a groupé en **familles** celles qui ont des fleurs semblables.

Les principales familles sont : les **rosacées** (fraisier, ronce, poirier), les **légumineuses** (pois, haricot, luzerne), les **crucifères** (giroflée, chou), les **composées** (pâquerette, pissenlit), enfin les **graminées** (blé, avoine).

EXPÉRIENCES ET QUESTIONS. — *1. D'où vient le nom de « légumineuses » donné aux plantes de cette famille ? — 2. Examinez une fleur de fève ou de sainfoin et dites à quelle famille la plante appartient. — 3. Dans vos promenades, essayez de reconnaître des plantes des principales familles.*

Fig. 114. — SULFATAGE DE LA VIGNE

1. La vigne aime le soleil. — Au-dessus des vignobles médiocres de la plaine, la **vigne** de choix s'aligne sur le coteau exposé au midi. A côté de chaque pied est planté un piquet (ou *échalas*) où le vigneron attachera les branches (ou *sarments*).

Dans le jardin, la vigne est étalée le long du mur et se nomme une *treille*. Vous apercevez déjà des grappes de très petites fleurs.

La vigne est une des principales richesses de la France.

2. La vigne exige beaucoup de soins. — La plantation d'une vigne est longue et coûteuse. Le vigneron laboure profondément le sol avant l'hiver et y met du fumier. Après les grands froids, il dispose les plants qui ne produiront que dans le second automne.

Chaque année, à la fin de l'hiver, il taille les sarments avec son sécateur; au printemps et en été, il donne à la vigne plusieurs labours. Enfin il cherche à la préserver de la gelée blanche et des maladies.

3. La gelée blanche détruit les jeunes pousses. — Au printemps, lorsque les bourgeons commencent à s'ouvrir, il suffit d'une seule gelée pour détruire les jeunes pousses.

La gelée blanche apparaît à la pointe du jour, à la suite d'une nuit froide et claire. Si le ciel reste nuageux, elle ne se forme pas. Aussi, lorsque la gelée est à craindre, les vignerons produisent des nuages artificiels en brûlant de la paille humide, du goudron, etc., qui produisent beaucoup de fumée.

4. Certains champignons attaquent la vigne. — Vous avez déjà vu le vigneron qui projette, en pluie très fine, un liquide (1) verdâtre sur les jeunes pousses (*fig.* 114). Il cherche à préserver la vigne du *mildiou* (*fig.* 115) et du *black-rot* (*fig.* 116). Il y a déjà répandu, par un temps sec, du soufre en poudre pour com-

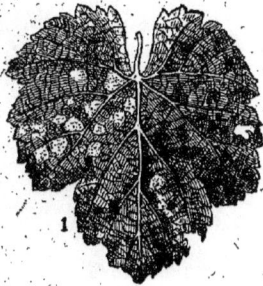

Fig. 115.
Feuille de vigne
attaquée par le mildiou
(face inférieure).

Fig. 116.
Raisins attaqués
par
le black-rot.

Fig. 117.
Raisins atta-
qués
par l'oïdium.

battre l'*oïdium* (*fig.* 117). Ces maladies sont produites par des champignons extrêmement petits qui se développent surtout dans les années chaudes et pluvieuses.

Le *mildiou* tache les feuilles en brun et les fait tomber; les raisins mal nourris ne mûrissent plus. — Le *black-rot* couvre les feuilles de taches rougeâtres et noires et dessèche le raisin. — L'*oïdium* forme, sur les parties vertes, une poussière blanche, puis grise, à odeur de moisi, et finit par faire fendre et durcir les grains de raisin.

RÉSUMÉ. — La **vigne** exige beaucoup de soins.
Chaque année, le *vigneron* la taille et lui donne plusieurs labours. Il la préserve aussi de la *gelée blanche* et des maladies causées par de très petits *champignons*.

EXPÉRIENCES ET QUESTIONS. — *1. Dans quelles régions de la France cultive-t-on la vigne? — 2. Comment la vigne s'accroche-t-elle à son support? — 3. Cherchez à reconnaître les vignes attaquées par le mildiou ou le black-rot. — 4. Pourquoi le vigneron craint-il la pluie lorsqu'il soufre la vigne?*

1. Il l'obtient en faisant dissoudre dans l'eau du *vitriol bleu* (sulfate de cuivre) et en ajoutant de l'eau de chaux.

Fig. 118. — LE JARDIN POTAGER-FRUITIER.

1. On cultive les légumes dans le jardin potager. — C'est au **jardin** (*fig.* 118), mes enfants, que l'on cultive les légumes que l'on met dans le *pot-au-feu*.

Voici d'abord à l'entrée les principaux outils de jardinage : la *bêche* (*fig.* 119), qui sert à retourner la terre; le *râteau* (*fig.* 120),

Fig. 122.
Plantoir.

Fig. 119.
Bêche.

Fig. 120.
Râteau.

Fig. 121.
Serfouette.

Fig. 123.
Arrosoir.

qui l'égalise; la *serfouette* (*fig.* 121), le *plantoir* (*fig.* 122), qui sert à repiquer les jeunes plantes, et enfin l'*arrosoir* (*fig.* 123), dont l'eau tombe en minces filets matin et soir sur les plantes.

Le jardin a une terre ordinairement noirâtre, car on y met souvent du fumier. Il est divisé en rectangles ou « planches »

dont chacune est réservée à un légume : salades, carottes, pois,
haricots, oignons, poireaux, etc.

**2. Nous mangeons dans les légumes les feuilles, la racine
ou les fruits.** — Voici les **salades**, laitues et chicorées, dont
nous mangeons les *feuilles* crues, assaisonnées de vinaigre,
d'huile, de sel et de poivre. — Les **choux**, un peu plus loin, sont
encore bien petits, mais en septembre leurs larges feuilles formeront une grosse « pomme ». Le **chou de Bruxelles** produira
à l'automne, le long de sa longue tige, des *bourgeons* que nous
mangerons au fur et à mesure qu'ils grossiront.

Ici nous avons une planche de **carottes**. Nous mangerons
leur grosse *racine* rouge et nous donnerons aux lapins leurs
jolies feuilles découpées.

Ces plantes qui grimpent le long des brindilles (*rames*), piquées
dans la terre, sont des **pois**, dont nous mangerons les graines
à l'état vert (*petits pois*), et des **haricots**, dont nous mangerons
le fruit tout entier (*haricots verts*) ou seulement la graine à l'état
sec. A côté sont les haricots sans rames. — Plus loin, les **fèves**,
dont la graine est si nourrissante.

Enfin, voici un carré de **pommes de terre**. Leurs « tuber-
cules » constituent une nourriture saine et agréable. Dans notre
jardin, nous avons aussi quelques pieds d'*oseille*, du *persil*, du
cerfeuil, une planche d'*oignons*, etc. — Plus tard nous sème-
rons des *épinards*, des *navets*, etc.

**3. Le jardin contient aussi des arbres fruitiers et des plantes
d'agrément.** — Tout le terrain est ensemencé et sur les murs sont
étalées les branches de petits *arbres fruitiers* : poiriers, pommiers, etc.
Enfin une « corbeille » et des « plates-bandes » sont réservées aux
plantes d'agrément : œillets, pensées, giroflées, dahlias, jacinthes, etc.

RÉSUMÉ. — C'est au **jardin** que l'on cultive les légumes.
Les principaux *outils de jardinage* sont la bêche, le râteau,
la serfouette, le plantoir et l'arrosoir.

Dans les **légumes**, nous mangeons les *feuilles* (salades),
ou la *grosse racine* (carottes), ou les *fruits* (haricots), etc.

EXPÉRIENCES ET QUESTIONS. — *1. Comment les enfants peuvent-ils
se rendre utiles au jardin ? — 2. Lorsque vous en aurez l'occasion,
remarquez comment on sème les haricots, les épinards, les carottes, etc.
— 3. Un grand arbre dans le jardin serait-il nuisible ? — 4. Semez
quelques graines de carottes et remarquez au bout de combien de jours
les jeunes plantes vont apparaître. — 5. Dans le pois, mange-t-on le
fruit ou simplement la graine ? Et dans le haricot ?*

Fig. 124. — LA FENAISON EN AUVERGNE.

1. L'herbe aime l'humidité. — Sur le coteau, l'herbe est courte et clairsemée. Au contraire, dans les terres profondes et fraîches de la vallée, elle est longue et abondante; c'est là que se trouvent les meilleures **prairies naturelles.** Cependant les terrains trop humides, marécageux, fournissent une herbe de mauvaise qualité; on les assainit en creusant des fossés par où l'excès d'eau s'écoule.

2. L'herbe est le plus souvent consommée sur place. — Sur le flanc des montagnes et des collines, l'herbe est consommée sur place par les animaux; elle constitue d'excellents **pâturages.**

De même dans les pays d'élevage (Normandie, Nivernais, etc.), la plupart des prairies, ou **herbages,** sont entièrement dépouillées par les animaux, qui y séjournent presque toute l'année.

L'herbe des autres prairies (**prés de fauche**) est transformée en foin pour la nourriture d'hiver (*fig.* 124).

3. Le foin est de l'herbe fauchée et séchée au soleil. — Depuis plusieurs jours, les plantes de la prairie sont en fleurs. Les faucheurs coupent l'herbe à la *faux* ou à la *faucheuse* et en forment des lignes continues appelées *andains*; puis les faneuses font dessécher rapidement l'herbe coupée en l'étalant à l'air et au soleil. Pour cela, par un beau temps, elles retournent les andains à l'aide de fourches et, le soir, elles en font de petits tas, qu'elles étendent le lendemain, dès que la rosée a disparu. Au bout de deux ou trois jours, l'herbe est complètement desséchée : c'est du **foin**, que l'on rentre dans les greniers.

L'herbe coupée va bientôt repousser, mais avec moins de vigueur qu'au printemps. C'est le **regain**, qui est ordinairement consommé sur place par les animaux. Cependant quelques cultivateurs le conservent à l'état vert par l'*ensilage*. Pour cela, le regain coupé est immédiatement entassé dans une fosse et fortement pressé.

4. Les prairies artificielles. — Lorsqu'il n'existe pas de prairies naturelles ou quand elles ont une étendue insuffisante, le cultivateur crée des **prairies artificielles** : champs de *luzerne*, de *trèfle*, de *sainfoin*, etc., en semant les graines de l'une de ces plantes dans une terre bien labourée et bien fumée. Leur foin est ordinairement de très bonne qualité.

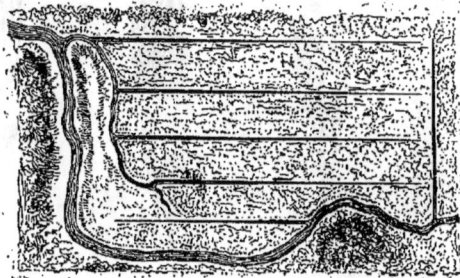

5. Les prairies ont besoin de quelques soins. — Au début du printemps, le fermier enlève les mousses, arrache les plantes nuisibles et étend la terre des taupinières. Quand la dis-

Fig. 125. — Terrain irrigué.
L'eau est détournée de son cours et amenée sur le terrain par des rigoles.

position du sol le permet, il fait remonter, à l'aide de barrages, l'eau de la rivière pour *irriguer* la prairie (*fig.* 125). Enfin il y répand des engrais.

RÉSUMÉ. — Les **prairies naturelles** occupent les vallées ainsi que le flanc des montagnes et des collines. Leur herbe est consommée sur place (*herbages* et *pâturages*) ou fauchée et transformée en foin (*prés de fauche*).

A défaut de prairies naturelles, le cultivateur crée des *prairies artificielles* : champs de *luzerne*, de *trèfle*, etc.

EXPÉRIENCES ET QUESTIONS. — *1. Pourquoi l'herbe du flanc des montagnes n'est-elle pas transformée en foin ? — 2. Dans les herbages, où couchent les animaux ? — 3. Qu'arriverait-il si le foin était rentré sans être bien sec ? — 4. Essayez de reconnaître à quelles familles appartiennent les plantes des prairies naturelles et artificielles.*

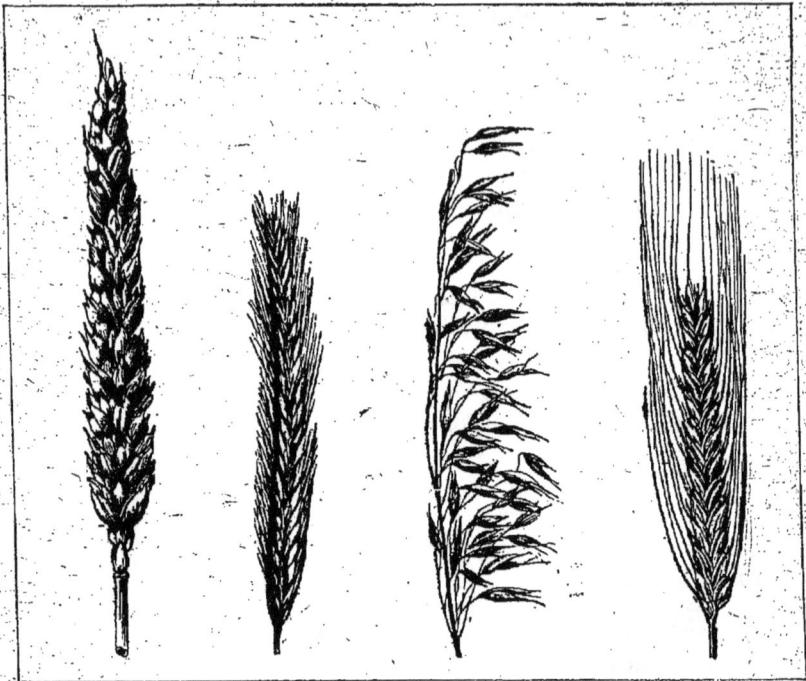

Fig. 126.   Fig. 127.   Fig. 128.   Fig. 129.
Blé.   Seigle.   Avoine.   Orge.

1. Le blé pousse lentement. — Vous avez vu semer le blé à l'automne. Pendant l'hiver, c'était une petite *herbe* que la neige recouvrit plusieurs fois. Au printemps, le cultivateur la coucha sur la terre à l'aide du rouleau, pour lui faire produire de nouvelles racines. Enfin des ouvrières parcoururent les blés encore bien petits, pour les débarrasser des mauvaises herbes.

2. En mai-juin, le blé forme des épis. — La pluie, et surtout le soleil, de plus en plus ardent, firent pousser le blé rapidement, et bientôt l'**épi** apparut au sommet de chaque tige.

Examinez à la loupe un épi (*fig.* 126). Il est composé de parties ovales superposées, toutes semblables : on les nomme *épillets*. Détachez l'un de ces épillets et écartez les deux feuilles très courtes qui le ferment. Au milieu de petites écailles, un corps arrondi, surmonté de deux petits plumets, est entouré de trois fils minces terminés par une sorte d'X qui pend en dehors : le tout est une *fleur de blé*. Il y en a plusieurs dans chaque épillet; elles se transformeront en *grains* de blé.

3. Les plantes aux grains farineux sont des céréales. — Autrefois, la terre mal cultivée produisait peu de *blé*. Le pain était fabriqué avec un mélange de farine de blé, d'orge, de seigle ou d'avoine.

Ces plantes, dont les graines écrasées fournissent de la farine, sont appelées des **céréales** (*fig.* 126 à 129).

Le *blé* (ou froment) sert à faire le pain. — L'*avoine* a des grains allongés, noirs ou d'un blanc jaunâtre, qui constituent un très bon aliment pour le cheval. — Le *seigle* est cultivé surtout pour sa paille, souple et résistante, qui sert à faire des liens, des paillassons, etc. — Les graines de l'*orge* sont données aux chevaux; on les emploie aussi dans la fabrication de la bière.

4. Les céréales ont de nombreux ennemis. — Les *corbeaux* mangent les semences; les *vers blancs* dévorent les racines, et les *limaces* les jeunes tiges; plus tard, les *souris* et les *moineaux* mangent les grains. Enfin elles sont sujettes à certaines maladies causées par des *champignons microscopiques* : rouille, carie, charbon.

La **rouille** forme en mai-juin, à la surface des feuilles et de la tige, une poussière couleur de rouille qui noircit à la moisson. Le champignon qui la produit se développe d'abord sur les feuilles de l'*épine-vinette*. Il faut couper, aux environs des champs de blé, les haies où croît cet arbuste épineux aux petites fleurs jaunes et odorantes.

La **carie** gonfle le grain et le change à l'intérieur en une poussière brune à odeur désagréable. Pour en préserver les céréales, on arrose les semences avec du vitriol bleu (V. 46ᵉ *leçon*).

Le **charbon** change le grain et ses enveloppes en une poussière noire qui lui a fait donner son nom.

Enfin l'**ergot**, qui attaque le blé et surtout le seigle, prend la forme d'un ergot de coq noirâtre. Le seigle ergoté doit être détruit.

RÉSUMÉ. — Le **blé** pousse très lentement jusqu'au printemps; puis sa tige grandit et il se forme un *épi*, réunion de petites fleurs qui se transformeront en *grains* de blé.

Le blé, l'orge, l'avoine et le seigle, dont les graines écrasées fournissent de la farine, sont des **céréales**.

Dans les champs, les céréales ont de nombreux ennemis et sont sujettes à certaines maladies.

EXPÉRIENCES ET QUESTIONS. — *1. Si vous faites un bouquet de fleurs des champs, y placez-vous des fleurs de blé? — 2. Comptez le nombre d'épillets qui composent un épi. — 3. Sème-t-on toutes les céréales à l'automne? — 4. Pourquoi les épis cariés restent-ils dressés tandis que les épis sains s'inclinent? — 5. Examinez comment les feuilles des céréales sont attachées aux tiges.*

50ᵉ LEÇON. — *LA MOISSON. LE BATTAGE.*

Fig. 130. — LA MOISSON EN BEAUCE.

1. Quand les épis sont jaunes, on fait la moisson. — Les grains de blé, tout d'abord tendres et remplis d'un liquide laiteux, ont légèrement durci ; épis et tiges sont jaunes : on coupe les blés. Plus tard, les épis laisseraient échapper les grains.

Voyez le fermier sur sa *moissonneuse* (*fig.* 130) traînée par deux chevaux ; il fait beaucoup de besogne et le champ est vite parsemé de *javelles* de blé. Les petits cultivateurs coupent le blé avec une faux surmontée d'une espèce de râteau, des ouvriers le rassemblent en *javelles*, puis réunissent et lient plusieurs javelles pour former une *gerbe*.

Fig. 131. — Moyettes.
1, normande ; 2, picarde ; 3, flamande.

Les gerbes restent plusieurs jours dans les champs pour que le grain achève de mûrir dans l'épi. On les met à l'abri de la pluie en les disposant en *moyettes* (*fig.* 131). On les réunit ensuite en *meules* ou on les rentre dans les granges.

2. On bat les épis pour en retirer les grains. — Autrefois, le blé étalé sur le sol, ou *aire*, de la grange était frappé avec le *fléau* pour chasser les grains des épis. Ces grains étaient ensuite séparés des menues pailles, des poussières, des graines étrangères, etc., à l'aide du *tarare*. C'était un travail pénible et long.

Aujourd'hui tout ce travail s'effectue rapidement et mécaniquement avec la *machine à battre* (fig. 132).

RÉSUMÉ. — On coupe les céréales à la faux ou à la moissonneuse mécanique.

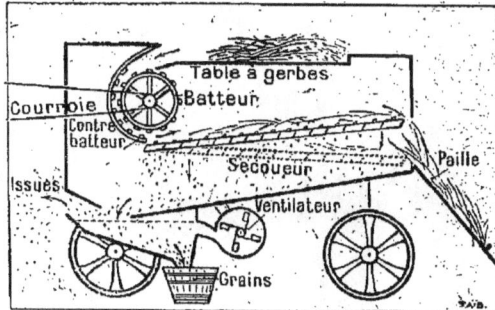

Fig. 132. — Coupe schématique d'une batteuse.

Liées en *gerbes*, on en fait des *meules* ou on les rentre dans les *granges*. Les grains sont chassés des épis par le

Fig. 133. — Scène de battage des céréales (Bretagne).

battage au fléau et nettoyés à l'aide du *tarare*. Tout ce travail s'effectue mécaniquement par la *machine à battre*.

EXPÉRIENCES ET QUESTIONS. — *1. Faites la description complète d'une paille de blé. — 2. Voyez-vous un inconvénient à laisser les gerbes de blé tout l'hiver dans la grange? — 3. Avez-vous vu couper le blé par d'autres procédés que la faux ou la machine? Décrivez-les.*

Fig. 134. — Le Séchage des sardines à Concarneau.

1. Les aliments se gâtent au contact de l'air. — Vous savez, mes enfants, qu'un morceau de viande abandonné à l'air répand bientôt une mauvaise odeur, qu'il *se gâte*. La plupart de nos aliments se décomposent de même sous l'influence des insectes qui les souillent et surtout des *microbes*, végétaux microscopiques de l'air. — Pour les conserver on les fait cuire, ce qui tue les microbes, puis on les place dans des pots, des boîtes, etc., bien fermés, où ils sont à l'abri de l'air. On peut cependant les conserver crus par l'action de la glace, du sel ou de la fumée qui arrêtent le développement des microbes.

2. Conservation de la viande. — Pendant les chaleurs de l'été, les bouchers placent la viande dans une *glacière* où elle conserve sa saveur et sa fraîcheur. Mais, dans la préparation des **conserves**, il en coûterait trop cher de renouveler sans cesse la glace; aussi lui préfère-t-on le *sel*.

A la campagne, les morceaux de viande de porc sont ordinairement désossés, puis frottés avec du sel, et empilés dans un *saloir*. On met successivement une couche de viande et une couche de gros sel. Le jus de viande et le sel donnent bientôt un liquide très salé, la *saumure*, mais la viande ne surnage pas, car on l'a recouverte d'une planche chargée de poids. On retire la viande salée au fur et à mesure des besoins. Parfois elle est ensuite *fumée* dans une cheminée où l'on peut brûler des plantes aromatiques, par exemple du genévrier.

En Auvergne et dans le sud-ouest de la France, la viande cuite de porc, d'oie, etc., est conservée dans des pots de grès, abritée de l'air par de la *graisse fondue*. Cela s'appelle un *confit*.

3. Conservation du poisson. — Pour préparer les *sardines à l'huile*, l'ouvrière cuit les sardines vidées, lavées, salées et séchées (*fig.* 134), en les plongeant quelques minutes dans de l'huile d'olive bouillante. Lorsqu'elles sont refroidies, elle les range dans des boîtes de fer-blanc qu'elle achève de remplir complètement avec de l'huile. Un ouvrier soude ensuite le couvercle de ces boîtes, puis les plonge pendant une demi-heure dans de l'eau bouillante.

Les *harengs encaqués* (*fig.* 135) ont été simplement salés; les *harengs saurs* ont été salés, puis fumés.

On conserve aussi la morue, le saumon, le maquereau, le thon, etc.

4. Conservation des légumes verts et des fruits. — Dans les familles, pour conserver les **légumes** (*petits pois et haricots verts*), on en remplit presque entière-

Fig. 135. — Caque de harengs.

ment de fortes bouteilles que l'on bouche solidement. On les range ensuite dans une chaudière pleine d'eau froide que l'on fait bouillir pendant deux heures; puis on les retire, et on les cachète après refroidissement.

Pour conserver certains **fruits,** on les fait sécher dans des *fours* (pruneaux, poires tapées); on les maintient dans l'*eau-de-vie* (cerises) ou dans le *vinaigre* (cornichons); on fait *cuire* les fruits (confitures) ou leur jus (gelée) avec du sucre.

RÉSUMÉ. — Les aliments *se gâtent* surtout sous l'influence des *microbes* de l'air. On les conserve *cuits* en les tenant à l'abri de l'air. On peut aussi les conserver *crus* en utilisant la glace, le sel, la fumée de bois, etc.

On fait des **conserves** de viande, de poisson, de légumes verts, de fruits, etc.

QUESTIONS D'INTELLIGENCE. — *1. Pourquoi votre maman conserve-t-elle la viande dans un garde-manger placé dans un endroit frais ? — 2. En plein air, la viande cuite se conserve-t-elle plus longtemps que la viande crue ? Pourquoi ? — 3. Expliquez en détail comment votre maman fait ses confitures d'abricots et sa gelée de groseille.*

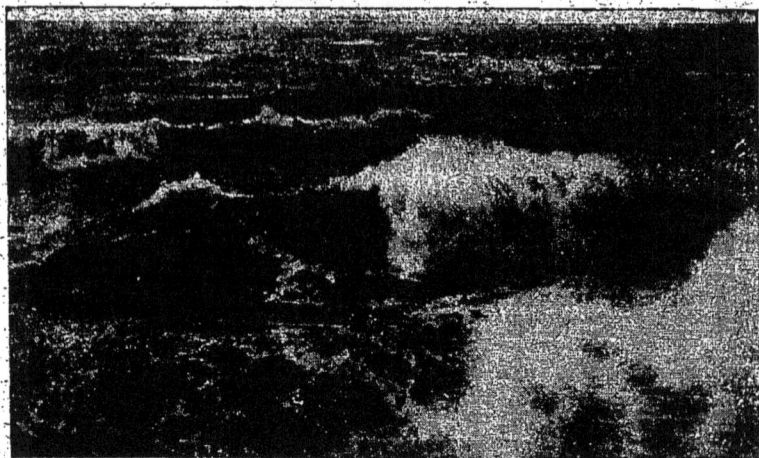

Fig. 136. — Les Vagues en mer.

1. Toutes les eaux vont à la mer. — Elles y sont apportées par les fleuves; puis, échauffées par le soleil, elles se transforment en *vapeur* (V. *10ᵉ leçon*). Celle-ci s'élève dans l'atmosphère et, poussée par le vent au-dessus des terres, se refroidit,
retombe en *pluie* et alimente les rivières et les fleuves, par où
elle retourne à la mer.

Le fond des mers présente, comme la surface des continents,
des vallées et des montagnes, des plaines et des plateaux.

L'eau de la mer renferme environ 25 grammes de *sel de cuisine* par litre. Pour l'en retirer, on fait arriver l'eau à la **marée
montante**, dans de grands bassins peu profonds appelés **marais salants.** Elle s'évapore peu à peu et le sel se dépose.

2. L'eau de la mer est sans cesse en mouvement. — Regardez
la surface d'une rivière. Au moindre vent, elle se recouvre de petites
rides, de petites vagues. Mais sur la mer immense, les jours de tempête, les **vagues** (*fig.* 136) peuvent atteindre 10 à 15 mètres de hauteur. Elles dégradent les côtes, taillent les caps, creusent les golfes.

D'ailleurs la mer est toujours agitée, parce que les **marées** la
déplacent constamment. Chaque jour elle s'élève régulièrement pendant environ six heures et envahit les parties basses de la côte : c'est
la *marée montante.* Elle s'abaisse ensuite pendant six heures et découvre
peu à peu le rivage : c'est la *marée descendante.* Perpétuellement elle
recommence à monter, puis à descendre.

3. La mer est très peuplée. — La mer est habitée par une

quantité prodigieuse d'animaux. Les *marins* pêchent, ordinairement près des côtes, des poissons (V. *33ᵉ leçon*), ainsi que des
homards à la dure carapace, etc. Les huîtres et les moules, à la
double coquille, sont aussi des animaux marins.

4. Les mers sont sillonnées en tous sens par les navires. —
Vous savez, mes enfants,
qu'un corps flotte, sur un
liquide aussi longtemps que
son poids n'est pas supé-
rieur au poids du liquide
déplacé par lui. Aussi a-t-on
pu construire des navires
qui, en déplaçant une quantité d'eau considérable, peuvent transporter des cen-
taines de passagers et
d'énormes quantités de marchandises.

On n'utilisait autrefois
que les *bateaux à voiles*, mais
on construit aujourd'hui de

Fig. 137. — Petit port de mer.

grands *paquebots à hélices* mues par la *vapeur*, dont le parcours très
rapide est aussi régulier que celui des chemins de fer.

Le chargement et le déchargement des navires s'effectuent dans
les *ports* (*fig.* 137). C'est là aussi qu'ils se mettent à l'abri les jours de
trop grande tempête.

RÉSUMÉ. — Les eaux des **mers** sont salées. Elles sont
habitées par une quantité prodigieuse d'animaux.

Les vents produisent des *vagues* à la surface de la mer.
Elle est d'ailleurs agitée chaque jour par le double mouvement de la *marée*.

Les mers sont sillonnées en tous sens par des *navires*
qui transportent des marchandises du monde entier.

On charge et on décharge les navires dans les ports.

EXPÉRIENCES ET QUESTIONS. — *1. Que boivent les marins sur la mer?*
— 2. Un litre d'eau de mer est-il plus lourd qu'un litre d'eau de source?
— 3. Nommez les animaux et les produits que l'on retire de la mer et
que vous avez déjà vus? — 4. Avec une planche lestée d'un plomb,
quelques baguettes et de la toile, construisez un trois-mâts. — 5. Pour-
quoi n'y a-t-il pas de marais salants sur les bords de la mer du Nord?
— Nommez quelques côtes riches en marais salants.

Fig. 138. — Un dirigeable moderne.

1. Les appareils plus légers que l'air : les ballons. — Avez-vous vu, le long du quai, décharger un bateau de pierres ? — A mesure que le travail avance, la coque du bateau remonte peu à peu, car l'eau la repousse, comme une boîte trop légère que vous chercheriez à y enfoncer.

Les choses se passent pour l'air comme pour l'eau. Si l'on gonfle un **ballon** avec du gaz d'éclairage, *plus léger que l'air*, il arrive un moment où le poids total du gaz, de la *nacelle* et de l'*enveloppe* est inférieur au poids de l'air déplacé. Alors le ballon se dresse, et, dès qu'on « lâche tout », il monte dans les couches supérieures de l'atmosphère, où l'air, moins épais, est moins lourd. — Son poids total se retrouvant alors égal au poids de l'air déplacé, il cesse de monter et flotte.

Pour monter encore, il faut que l'aéronaute jette du· *lest* (ordinairement du sable emporté dans des sacs). Pour descendre, au contraire, il ouvre par une corde la *soupape* qui est placée à la partie supérieure du ballon ; il se maintient près de terre en laissant traîner son *guide-rope*, gros câble de 50 à 100 mètres de longueur, et jette l'*ancre* pour *atterrir*, quand il rencontre un endroit convenable.

2. Les ballons dirigeables. — Les ballons ne sont pour ainsi dire que des *bouées* flottantes de l'air, jouets des courants atmosphériques. C'est le colonel Renard qui, en 1884, trouva le véritable *navire* de l'air : le **ballon dirigeable** (*fig.* 138). C'est un ballon, qui se déplace à volonté dans l'air, par le mouvement d'une hélice actionnée par un moteur. Un *gouvernail de direction*, vertical comme celui d'un bateau, s'incline pour aller à gauche ou à droite; un *gouvernail de profondeur*, horizontal, se relève ou s'abaisse pour monter ou descendre.

3. Les appareils plus lourds que l'air : les cerfs-volants.

— Le **cerf-volant** (*fig.* 139) est une carcasse de bois et de ficelles sur laquelle vous tendez une surface de toile ou de papier, et dont une longue queue empêche la culbute. — Quand vous le présentez face au vent, mais *obliquement*, le vent, forcé de glisser de haut en bas sur la surface qu'il frappe, presse

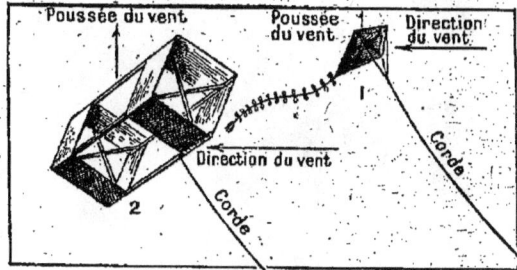

Fig. 139. — 1, cerf-volant ordinaire; 2, cerf-volant cellulaire.

sur elle et la fait monter. — Il en est de même des *cerf-volants cellulaires*, qui ressemblent, au fond, à plusieurs cerfs-volants accouplés.

4. Les aéroplanes.

— Le cerf-volant, retenu par sa corde, n'est qu'un « *aéroplane à l'ancre* »; ou, si vous le voulez, l'**aéroplane** n'est qu'un cerf-volant libre *qui fait son vent lui-même*. En effet, quand on le lance, ses ailes légèrement relevées se présentent obliquement au vent; son hélice, actionnée par le moteur, le fait avancer et monter, comme un cerf-volant que les enfants lancent en courant contre le vent. — Les **monoplans** imitent le vol du cerf-volant; les **biplans**, celui des cerfs-volants cellulaires. La direction est la même que pour les dirigeables.

RÉSUMÉ. — Un **ballon** monte et se maintient dans l'atmosphère parce qu'il est gonflé d'un gaz *plus léger que l'air*. — Un **ballon dirigeable** se dirige à volonté dans l'air comme un navire à hélice sur la mer.

Un **cerf-volant** est un appareil *plus lourd que l'air*, qui monte incliné face au vent. — L'**aéroplane** est, pour ainsi dire, un cerf-volant qui avance vers le vent.

EXPÉRIENCES ET QUESTIONS. — *1. Pourquoi l'enveloppe d'un ballon doit-elle être imperméable?* — *2. Pourquoi la soupape d'un ballon est-elle toujours placée au sommet?* — *3. A quoi sert le gouvernail dans un bateau sans rameurs; à quoi servirait-il dans un ballon sans moteur?* — *4. Construisez un cerf-volant ordinaire, un cerf-volant cellulaire.*

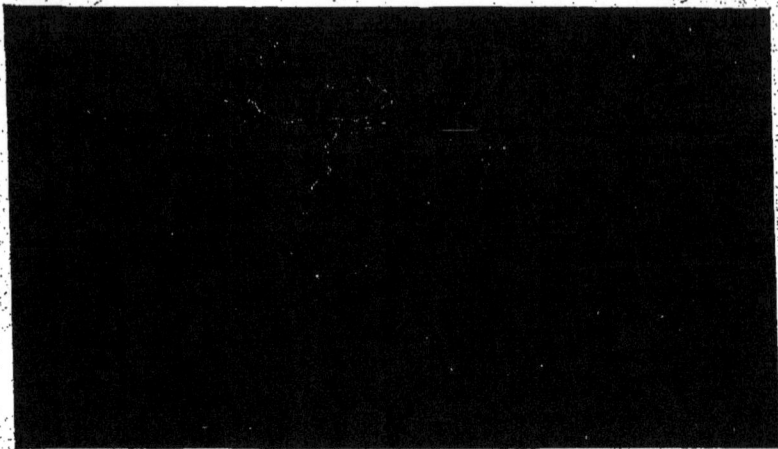

Fig. 140. — UN ÉCLAIR.

1. Les corps frottés s'électrisent. — EXPÉRIENCE. — Je frotte énergiquement avec un foulard de *soie* cette tige de *verre* ou ce manche de porte-plume en *caoutchouc durci*. Je l'approche de ces menues rondelles de papier découpées; elles sont aussitôt attirées. Je puis attirer de même du son, de la râpure de liège, des brins de paille; en un mot, tous les corps légers (*fig.* 141).

Les corps lourds eux-mêmes sont attirés et déplacés, s'ils sont très mobiles. Je mets cette règle à dessin en équilibre sur un œuf posé dans son coquetier; ma tige électrisée la fait pivoter.

Cette force qui, dans les corps frottés, attire d'autres corps, s'appelle l'**électricité**.

Remarquez l'odeur spéciale qui se dégage pendant ces frottements, c'est celle que l'on sent les jours d'orage.

2. Bons et mauvais conducteurs. — Certains corps frottés gardent l'électricité développée sur leur surface; ce sont le papier bien sec, la soie, le verre, la cire à cacheter, le caoutchouc durci, la laine, les fourrures, etc. On dit qu'ils sont **mauvais conducteurs** de l'électricité.

D'autres, au contraire, les **bons conducteurs**, la perdent d'un seul coup, dès qu'ils sont en contact avec un autre corps *bon conducteur*. Ce sont les métaux, l'eau, l'air humide, les corps vivants, la terre, etc.

3. L'étincelle électrique. — EXPÉRIENCE. Je fais chauffer une feuille de papier un peu fort, de papier à dessin par exemple, je l'étends sur une table de bois bien sèche, je la frotte longuement avec un morceau de drap. Puis je la détache brusquement de la planche en la tenant par un angle. Si quelqu'un approche alors du papier, dans l'obscurité, un corps bon conducteur (le doigt, etc.), le papier *se décharge brusquement* et produit une petite **étincelle** avec un léger bruit sec.

4. La foudre, l'éclair et le tonnerre. — En été, par un temps très chaud, des courants d'air inégalement chauffés se ren-contrent brusquement dans l'at-mosphère; les nuages heurtés, frottés l'un contre l'autre, s'élec-trisent. Il peut se produire alors entre un nuage et un autre, ou entre un nuage et la terre, une *décharge électrique (fig. 140).* C'est **la foudre.** Elle produit une énorme étincelle qui est l'**éclair,** et un grand bruit, plus ou moins pro-longé dans les nuages, qui est le **tonnerre.** Plus il y a d'intervalle

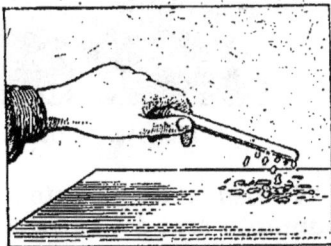

Fig. 141. — Un bâton de verre électrisé attire les corps légers.

entre l'éclair et le tonnerre, plus l'orage est loin du spectateur, car le son se transmet moins vite que la lumière.

RÉSUMÉ. — Tous les corps frottés s'**électrisent.**

Certains corps frottés, le papier, la soie, le verre, etc., gardent leur électricité; on les appelle **mauvais conduc-teurs.** D'autres, qu'on nomme **bons conducteurs,** la passent aux corps voisins au premier contact : ce sont les métaux, l'eau, les corps vivants, etc.

Quand un corps bon conducteur s'approche d'un corps électrisé, celui-ci se décharge par une **étincelle élec-trique.** Les nuages électrisés se déchargent par une étin-celle : l'**éclair,** accompagné d'un grand bruit : le **tonnerre.**

EXPÉRIENCES ET QUESTIONS. — *1. Sur un verre à pied renversé, posez un petit verre de montre rempli d'huile jusqu'à ce qu'elle ait une sur-face convexe, et approchez un bâton de verre bien électrisé. — 2. Pourquoi faut-il bien frotter et même chauffer les frottoirs et les corps à frotter? — 3. Prenez, avec un foulard de soie replié, une carotte râclée et épointée, et électrisez-la. — 4. Dans un orage, observez la forme des éclairs et l'intervalle qui sépare le tonnerre de l'éclair.*

Fig. 142. — Orientation sur le terrain.

1. Les aimants attirent le fer, l'acier, le nickel. — Les aimants sont des barres d'*acier* qu'on rencontre dans le commerce sous la forme droite, ou recourbées, en fer à cheval (*fig.* 143), ou amincies et taillées en losange.

Les aimants agissent même à distance. Voyez cette plume d'acier, placée sur une feuille de papier ; elle suit les mouvements de l'aimant que j'ai placé sous la feuille.

2. Les aimants se placent dans la direction des pôles de la terre. — La force des aimants n'agit qu'aux deux extrémités des barreaux qu'on appelle **pôles**. — Les aimants librement suspendus prennent à peu près la direction du *nord-sud*.

EXPÉRIENCES. Je verse sur cet aimant de la limaille de fer ; elle ne s'attache qu'aux deux bouts. Si je cassais l'aimant, chaque partie deviendrait aussitôt un aimant complet.

Voici un morceau d'acier, une aiguille à tricoter, que j'ai aimantée en la frottant doucement, longtemps *et toujours dans le même sens* avec un aimant. Je la place en équilibre sur un mince bouchon de liège qui flotte sur l'eau. Elle tourne aussitôt sur elle-même jusqu'à ce que ses pôles soient *à peu près* dans la direction nord-sud. Si on l'écarte de cette direction, elle y revient.

3. La boussole est une aiguille aimantée. — Vous voyez, mes enfants, cette espèce de petite montre où un aimant en losange, une aiguille aimantée, suspendue sur un pivot d'acier, tourne librement au-dessus d'un cadran qui porte les quatre points cardinaux : c'est une **boussole**. La partie de l'aiguille qui se tourne toujours vers le nord est teintée en bleu.

EXPÉRIENCE. Je mets la boussole bien à plat. Je fais tourner doucement le cadran jusqu'à ce que la pointe bleue fasse avec le nord du
cadran l'écart habituel que l'aiguille aimantée fait avec le *vrai nord*.
Dès lors, le nord et tous les points cardinaux
du cadran sont dans la direction des points cardinaux réels. Le navigateur perdu sur la mer
immense, par une nuit sans étoiles, peut ainsi
reconnaître sa position, redresser et maintenir
la direction de son navire.

4. Pour ne pas perdre le nord. — Je
suppose, mes amis, que vous êtes perdus
dans la forêt. Si vous avez une petite boussole, vous trouverez votre chemin, comme
le navigateur sur la mer.

Si vous n'en avez pas et s'il est près de
midi, fiez-vous au soleil. Vous savez qu'au
village vous le voyez se lever sur la forêt;
donc la forêt est située à l'est, à l'*orient* du
village. Il suffit pour vous retrouver, vous
orienter, de choisir les chemins qui vous
mèneront vers l'ouest, vers le village. Pour

Fig. 143. — L'aimant
attire les clous qui,
aimantés eux-mê-
mes, en attirent
d'autres.

cela, à midi placez-vous le dos au soleil : le *nord* est devant vous,
le *midi* derrière, l'*est* à droite, l'*ouest* à gauche (*fig.* 142).

RÉSUMÉ. — Les **aimants** attirent le fer, l'acier, le nickel.
L'aimant n'agit qu'à ses deux extrémités, appelées **pôles**.
Suspendu librement, il prend toujours une direction voi-
sine de celle du *nord-sud*.

La **boussole** est une simple aiguille aimantée qui
permet en mer de ne pas perdre le nord.

S'orienter, c'est chercher à reconnaître l'*orient*. On
s'oriente par la boussole ou par le soleil.

EXPÉRIENCES ET QUESTIONS. — *1. Placez une aiguille à tricoter sur
un bouchon qui flotte et dirigez-la avec un aimant. — 2. Faites une
aiguille aimantée. — 3. Dessinez le plan de la classe et marquez-y par
deux traits en croix les quatre points cardinaux, que vous trouverez
par l'aiguille aimantée. — 4. Étudiez, une simple boussole en main, les
différentes directions d'une route aux nombreux tournants. — 5. Comment utilisez-vous une boussole, en cours de promenade, en rase campagne ou sur une montagne, pour établir la direction à suivre en vue de
regagner votre maison ? — 6. Nommez quelques applications impor-
tantes de la boussole.*

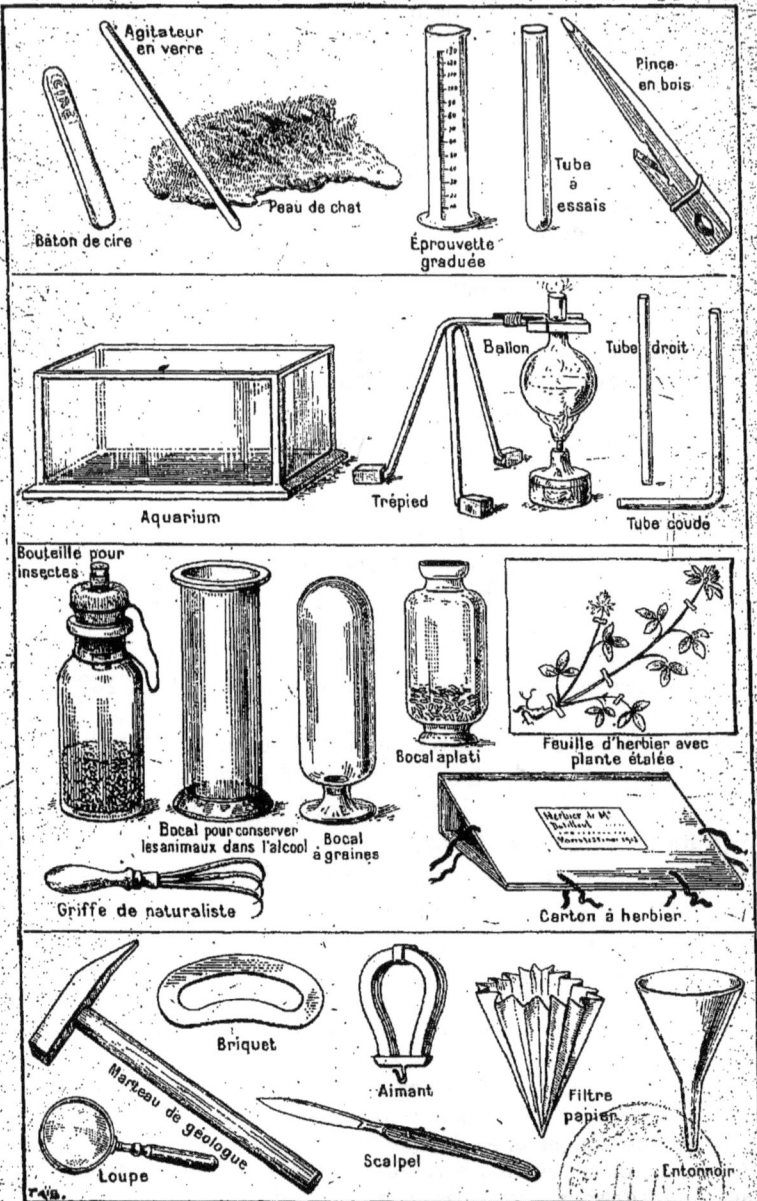

PETIT MATÉRIEL SCIENTIFIQUE [1]

Bâton de cire — Agitateur en verre — Peau de chat — Éprouvette graduée — Tube à essais — Pince en bois

Aquarium — Trépied — Ballon — Tube droit — Tube coudé

Bouteille pour insectes — Bocal pour conserver les animaux dans l'alcool — Bocal à graines — Bocal aplati — Feuille d'herbier avec plante étalée — Griffe de naturaliste — Carton à herbier

Marteau de géologue — Briquet — Aimant — Filtre papier — Loupe — Scalpel — Entonnoir

1. Les objets représentés ici figureraient utilement dans le matériel rudimentaire de l'école. Voir ci-contre un projet de meuble à collections réduit au dixième (vu de face).

MUSÉUM SCOLAIRE

(SCHÉMA D'UN MEUBLE À COLLECTIONS)

L'HOMME.	**LOIS DES CORPS** (PHYSIQUE ET CHIMIE). Matériel rudimentaire : instruments, dispositifs d'expériences, produits, etc.	
ANIMAUX (types et préparations). Oiseaux utiles et nuisibles.	**HERBIER** AGRICOLE.	**PLANCHES** ANATOMIQUES. **TABLEAUX** et CARTONS d'illustrations zoologiques.
ANIMAUX (Boîtes à insectes nuisibles et utiles). Préparations de petits animaux.		
PLANTES (types et préparations).	**HERBIER** BOTANIQUE.	**TABLEAUX** et CARTONS de matières ouvrées.
TERRAINS SÉDIMENTAIRES Roches et fossiles.		
TERRAINS PRIMITIFS ET IGNÉS.	**MATIÈRES OUVRÉES.**	
MATÉRIEL L'outillage du petit collectionneur.	**MATIÈRES OUVRÉES.**	

INDEX ALPHABÉTIQUE

Les chiffres placés à la suite des noms renvoient aux pages;
mis entre parenthèses, ils renvoient aux paragraphes.

TABLE DES MATIÈRES

PLANCHES EN COULEURS (HORS TEXTE)

Paris. — Imp. Larousse, 17, rue Montparnasse.

LIBRAIRIE LAROUSSE, 13-17, rue Montparnasse, PARIS
(Envoi franco contre mandat-poste) et chez tous les libraires.

OUVRAGES RECOMMANDÉS
POUR LE COURS PRÉPARATOIRE

Mon Livre d'Histoires

Par Henriette PERRIN. Livre de lecture courante.
94 gravures . . . . 0 fr. 75

Les Images parlantes

Par Mme Jeanne GIRARD, inspectrice des écoles mater-
nelles, et Louis GIRARD, agrégé de l'Université. Histoires
en images avec questionnaires pour habituer les com-
mençants à s'exprimer en français. 40 grav. . . 0 fr. 60

Grammaire enfantine

Par Claude AUGÉ. 100 grav. Livre de l'élève. 0 fr. 50
Livre du maître . . . . 1 franc

Leçons illustrées de français

Cours préparatoire, par E. BREUIL, professeur au
lycée Carnot. 120 tableaux . . . . 0 fr. 80

Livre préparatoire d'Arithmétique

Par CHAUMEIL et MOREAU . . . . 0 fr. 60

Histoire de France en images

Par Claude AUGÉ et Maxime PETIT. 140 gravures, tableaux et cartes en couleurs. . . . . 0 fr. 50

Atlas préparatoire

Par Claude AUGÉ. 20 cartes, 90 gravures, 14 tableaux
synthétiques . . . . 0 fr. 80

Les Chants de l'Enfance

Par Claude AUGÉ. 100 chants avec couplets, 145 gravures. . . . . 1 franc

Paris. — Imp. LAROUSSE, 17, rue Montparnasse.

www.ingramcontent.com/pod-product-compliance
Lightning Source LLC
Chambersburg PA
CBHW062008200326
41519CB00017B/4723